사진으로 쉽게 알아보는

야생 산약초 , 버섯 대백과

사진으로 쉽게 알아보는

야생 산약초, 버섯 대백과

초판 1쇄 발행 2019년 6월 5일
초판 3쇄 발행 2024년 1월 25일

펴낸이 윤정섭
엮은이 자연과 함께하는 사람들
펴낸곳 도서출판 윤미디어
주소 서울시 중랑구 중랑역로 224(묵동)
전화 02)972-1474
팩스 02)979-7605
등록번호 제5-383호(1993. 9. 21)
전자우편 yunmedia93@naver.com

ISBN 978-89-6409-119-7(13480)

✲책값은 뒤표지에 있습니다.
✲잘못된 책은 바꾸어 드립니다.

Wild herbs, mushrooms great white fruits

사진으로 쉽게 알아보는 ~

야생 산약초, 버섯 대백과

엮은이_ 자연과 함께하는 사람들

'우리산과 들에
숨쉬고 있는 보물'

머리말

약초란, 약이되는 풀과 나무를 말한다. 병이 있으면 약이 있고, 모든 약의 원천은 약초에서 나온다. 우리나라의 산과 들에는 수없이 많은 종류의 약초들이 자라고 있다.

중국 청나라 당종해가 편찬한 본초문답은 약초에 대해 다음과 같이 기록하고 있다.

세상의 만물과 사람은 하늘의 기운과 땅의 기운을 받아서 태어났는데, 약초는 그 기운이 한쪽으로 치우친 것을 얻었다.

인체는 음양의 기 중에서 한쪽이 많아지거나, 적어지게 되면 질병이 생기는데, 한 가지 기에 치우친 약초의 힘을 빌려 그 균형을 조절하여 질병을 치료하게 되는 것이다.

이는 약초의 음양으로 우리 몸의 음양을 다스리는 것이다. 그리고 황제내경의 한 구절은 오늘을 사는 현대인에게 시사하는 바가 크다.

"옛날 사람들은 모두 백 살이 넘어도 쌩쌩하다고 하는데, 오늘날 사람들은 오십만되면 빌빌거리니 바뀐세상 때문인가, 아니면 사람의 잘못 때문인가?"

이렇게 황제가 묻자 의원이 답한다.

"옛 사람은 자연에 순응하고, 음식을 절제하고, 정력을 헛되이 낭비하지 않았습니다. 하지만 요즘 사람들은 그렇지 않아서 술에 절어 있고, 툭하면 축첩하고 술 취한 채로 방사하여 정력을 소비하니 어찌 빌빌거리지 않겠습니까?"

나는 언제나 산에 오를 준비를 하고 있다. 우리 심마니들이 '심봤다'고 외치는 우렁찬 그 목소리는 그저 산에 감사하는 탄성일 뿐이다. 나는 수백 년 묵은 산삼 한 뿌리에 수억 원을 호가해 횡재했다는 소문은 헛헛한 웃음으로 날려버리고, 그저 산이 좋아 산에

오른다. 산에 가면 세상에 지친 사람을 기다리는 온갖 약초들이 있다.

버섯은 삼국시대부터 이용해 왔다. 김부식의 삼국사기에 지상에 나는 버섯과 나무에 나는 버섯이 언급되어 있으며, 허준의 동의보감에는 목이, 표고, 송이, 느타리, 능이(향버섯) 등이 소개되어 있다. 현재 국내에 자생하는 버섯류는 1,100여 종이 조사 확인 되었다. 그 중에서 식용버섯은 약 300종으로 밝혀 졌으나, 이러한 식용 가능한 버섯 중에서 오래 전부터 식용으로 이용한 자연산 버섯은 20~30여종 뿐이었다.

그 예로서 능이(향버섯)은 말린 다음 방에 두면 그 향이 온 집안에 은은하게 퍼지고, 특히 육류를 먹고 체했을때 능이버섯을 삶아 먹으면 잘 나았다고 하며, 표고버섯은 감기에 걸렸을 때 이용하였다. 그 외에 송이, 갓버섯, 싸리버섯, 달걀버섯, 꾀꼬리버섯, 밤버섯, 목이 등이 대표적인 식용 버섯이라 할 수 있다.

그리고 우리나라에 자생하는 독버섯은 현재까지 약 90여종 이상 밝혀졌으며, 그 중에서 한두 개만 먹어도 치사량에 도달하는 대표적인 맹독성 독버섯인 독우산광대버섯이 전국 산간지역 어디에서나 발생하고 있다.

따라서 매년 국내에서 독버섯을 잘못 알고 먹어 중독되는 사고가 빈번히 일어나고 있다. 이와 같은 현상은 독버섯과 식용버섯을 구별할 수 있는 일반적인 방법이 전혀 없는데도 불구하고, 대부분의 사람들이 식용버섯과 독버섯을 쉽게 구별할 수 있고, 독버섯을 구별할 수 있는 방법을 알고 있다고 믿고 있기 때문이다.

양구DMZ천종산삼 심마니 **박상철**

산약초 차례

chapter2 여름에 피는 약초

chapter3 가을에 피는 약초

chapter4 위험한 독초

버섯 차례

chapter1 식용버섯

Chapter2 독버섯

일러두기

1. 본문은 각 계절로 피는 약초와 독초, 총 4개의 챕터로 구성되었으며, 약초에 대한 상식을 돕고자 약용하는 부분은 물론, 식용 부분도 함께 설명하였습니다.
2. 약초의 사진은 식별이 용이한 사진으로 수록하기 위해 노력하였으며, 대부분의 사진은 123.RF, IMASIA, 포토 라이브러리 등과 계약한 것임을 밝힙니다.
3. 독자에게 생소하거나 어려운 용어는 쉽게 풀어 설명하고자 노력하였습니다.

Chapter 1

봄에 피는 약초

약용방법

- 중불로 오래 달여서 복용한다.
- 약용할 때는 반드시 의사의 지시사항을 지켜야 한다.

미나리아재비과 여러해살이풀

Adonis amurensis

① **분포_** 전국 각지
② **생지_** 산지의 나무 그늘
③ **화기_** 2~4월
④ **수확_** 개화기
⑤ **크기_** 10~30cm
⑥ **이용_** 온포기, 뿌리
⑦ **치료_** 심장 질환, 관절염

복수초_ 설련화

생약명_복수초

차가운 눈을 열기로 녹이며 아침부터 저녁까지 숲속에서 황금색 꽃을 피운다. 강심작용이 탁월해서 뿌리 및 뿌리 줄기를 심장에 관련된 증상을 치료하는 약으로 이용한다. 그러나 독성이 강해 용량을 초과해 사용하면 심장마비를 일으켜 사망할 위험이 크기 때문에 가정에서 치료제로 사용하기에는 매우 위험하다.

약용방법

- 중불로 오래 달여서 복용한다.
- 독성이 있으므로 반드시 기준량을 지켜야 한다.

미나리아재비과 여러해살이풀

Hepatica asiatica

① **분포_** 전국 각지
② **생지_** 숲속의 응달
③ **화기_** 3~4월
④ **수확_** 여름
⑤ **크기_** 20~30cm
⑥ **이용_** 온포기, 뿌리줄기
⑦ **치료_** 간 질환

노루귀

생약명_장이세신

잎이 나올 때의 모습이 노루의 귀를 닮았다고 노루귀라고 부른다. 야생초로는 드물게 꽃 색깔이 다양하다. 전초에도 약성이 있지만, 주로 뿌리를 간 부위의 면역력이 약화되었을 때 사용한다. 말린 뿌리 2~3g 정도를 물에 넣고 반으로 줄 때까지 달여 복용하되, 독성이 있는 식물이니 반드시 기준량을 지켜야 한다.

약용방법

- 중불로 오래 달이거나 술을 담가 복용한다.
- 독성은 없지만 많이 쓰지 않는 것이 좋다.

백합과 여러해살이풀

Erythronium japonicum

① **분포_** 전국 각지

② **생지_** 높은 산이나 고원

③ **화기_** 3~5월

④ **수확_** 겨울~여름

⑤ **크기_** 10~30cm

⑥ **이용_** 뿌리, 줄기

⑦ **치료_** 위장 질환, 지사제 등

얼레지_ 가재무릇

생약명_차전엽산자고

봄을 알리는 꽃 중 가장 아름다운 꽃이라 해도 무리가 없다. 주로 높은 산의 능선에서 피며, 빠르면 3월에 꽃망울을 터뜨리기도 한다. 예부터 녹말가루를 만드는데 이용해 온 풀로서, 어린잎은 나물로 먹고 생잎 그대로 약으로 쓰거나 건조해서 사용한다. 위를 보호하고 설사와 구토를 멎게 하는 효능이 있다.

약용방법

● 탕으로 쓸 때는 감초물에 담갔다가 사용한다.
● 치유되면 복용을 중단한다.

매자나무과 여러해살이풀

Jeffersonia dubia

① **분포_** 중부 이북
② **생지_** 산중턱 아래의 골짜기
③ **화기_** 3~5월
④ **수확_** 9~10월
⑤ **크기_** 20~25cm
⑥ **이용_** 온포기, 뿌리줄기
⑦ **치료_** 피부염, 지사제, 발열

깽깽이풀_황련

생약명_모황련

뿌리의 색깔이 노랗기에 황련이라고 부르며, 생약명인 모황련은 뿌리를 말린 것이다. 열을 내리고 독을 풀며, 염증을 없애는 효능으로 세균성 설사나 결핵 등에 의한 발열 등에 약용한다. 쓴맛을 내는 오고닌 성분이 강한 항암작용을 하는 것으로 밝혀지기도 했다. 수염뿌리를 제거하고 햇볕에 잘 말린 후 달여서 복용한다.

약용방법

● 중불로 오래 달이거나 술을 담가 복용한다.
● 절대 많은 양을 한꺼번에 복용하면 안 된다.

할미꽃

생약명_백두옹

미나리아재비과 여러해살이풀

Pulsatilla koreana

① **분포_** 전국 각지
② **생지_** 산기슭과 들의 양지
③ **화기_** 4~5월
④ **수확_** 가을~이듬해 봄
⑤ **크기_** 30 40cm
⑥ **이용_** 뿌리
⑦ **치료_** 항암, 종기 제거

잎이나 줄기를 자르면 나오는 즙액이 손이나 피부에 묻기라도 하면 피부염을 일으키는 맹독성 식물이다. 하지만 이 맹독이 신통하게도 약리작용을 한다. 햇볕에서 잘 건조한 뿌리를 약용하는데 청열, 해독, 지사에 효능이 있어서 이질이나 전염성 장염에 사용한다. 즉 설사, 고름, 혈변, 복통 등에 대단한 효력이 있다.

약용방법

● 약불에 짧게 달이거나 생즙으로 복용하며, 술을 담가 쓰기도 한다.
● 치유되면 바로 중단한다.

삼백초과 여러해살이풀

Houttuynia cordata

① **분포_** 중남부 지방
② **생지_** 그늘진 습지
③ **화기_** 5~6월
④ **수확_** 여름~가을
⑤ **크기_** 20~50cm
⑥ **이용_** 잎, 뿌리
⑦ **치료_** 요도염, 방광염, 당뇨

약모밀_어성초

생약명_ 중약

체내의 모든 독소를 죽이고 피를 맑게 하는 효험이 있다. 잎줄기에서 생선 비린내 비슷한 고약한 냄새가 나는데, 이 냄새를 유발하는 성분이 강력한 항균작용을 돕는다. 약성이 가장 좋을 때는 10월이며, 6개월 정도 장복하면 효과를 볼 수 있다. 오래 끓이면 좋은 성분이 모두 소실되므로 짧은 시간 끓여야 한다.

약용방법

- 중불에 달여 보리차처럼 수시로 음용한다. 아침마다 생즙을 내어 마셔도 좋다.
- 오래 써도 해롭지 않다.

삼백초과 여러해살이풀

Saururus chinensis

① **분포_** 제주도, 중부 이남
② **생지_** 물가, 습지
③ **화기_** 5~6월
④ **수확_** 여름~가을
⑤ **크기_** 50~100cm
⑥ **이용_** 온포기
⑦ **치료_** 부인과 질병, 동맥경화 당뇨, 이뇨제(일본)

삼백초

생약명_ 삼백초(三白草)

약모밀과는 다른 식물이다. 독특한 쓴맛과 송장 썩는 듯한 지독한 냄새를 풍겨 '송장풀'이라는 악명을 가졌다. 고혈압, 당뇨 등의 원인인 숙변을 없애는데 효과가 탁월하며, 차로 마시면 콜레스테롤 수치를 낮출 수 있다. 주로 부인과 질환을 다스리는데 이용하지만 갖가지 질병에도 뛰어난 효과를 보인다.

약용방법

● 중불에 달여 보리차처럼 수시로 음용한다.

● 오래 써도 해롭지 않다.

꿀풀과 여러해살이풀

Glechoma grandis

① **분포_** 전국 각지

② **생지_** 들이나 산의 습한 양지

③ **화기_** 4~5월

④ **수확_** 여름~가을

⑤ **크기_** 30~50cm

⑥ **이용_** 뿌리

⑦ **치료_** 신장결석, 요로결석 혈당강하, 당뇨 등

긴병꽃풀

생약명_연전초

약용식물 중에서 가장 뛰어난 약효를 보이는 선약으로 알려진 식물로, 민간에서는 거의 만병통치약처럼 쓴다. 소변을 잘 보게 하고 결석을 녹이는 효능이 탁월해 신장결석이나 방광결석, 요로결석에 즉효약이다. 가을에 채취해 그늘에서 말린 전초를 하루 30~50g쯤 달여 수시로 물 대신 마신다. 독이 없으므로 오래 복용해도 좋다.

약용방법

- 중불에 달이거나 생즙 그대로 또는, 가루를 만들어 사용한다.
- 치유되면 복용을 중단한다.

꿀풀과 여러해살이풀

Ajuga decumbens

① **분포_** 남부지방, 제주도
② **생지_** 산기슭, 개울가 , 습지
③ **화기_** 4~5월
④ **수확_** 여름~가을
⑤ **크기_** 30~50cm
⑥ **이용_** 온포기
⑦ **치료_** 각종 상처, 부스럼 고혈압, 관절염 등

금창초

생약명_금창초

주로 남부지방과 제주도의 숲이나 습한 곳에서 자란다. 금창이란 금속에 의해 난 상처라는 뜻으로, 예부터 쇠붙이에 다친 상처, 부스럼 종기 치료에 탁월한 효과가 있다. 고혈압, 기관지염, 중이염 등에도 두루 효능을 보인다. 등산하다가 독충에게 물렸을 때에는 줄기잎을 으깨어 환부에 바르면 쉽게 낫는다.

약용방법

- 중불로 오래 달이거나 생즙을 그대로 마신다. 뿌리는 술을 담근다.
- 오래 복용할 수록 몸에 이롭다.

국화과 여러해살이풀

Taraxacum platycarpum

① **분포_** 전국 각지
② **생지_** 야산, 들, 길가의 양지
③ **화기_** 4~5월
④ **수확_** 3~4월(잎)
9~10월(뿌리)
⑤ **크기_** 20~30cm
⑥ **이용_** 잎, 뿌리
⑦ **치료_** 유선염, 소염, 이뇨제

민들레

생약명_포공영

돌보는 손길 없이 스스로 자생하며, 영하 40도의 환경 속에서도 씩씩하게 꽃을 피운다. 주성분인 레시틴과 콜린이 동맥경화를 예방하고 콜레스테롤을 억제해 생리불순이나 냉증 같은 질병은 물론, 불임이나 유선염 예방에도 높은 효과를 기대할 수 있다. 차로 끓여 수시로 마시면 신진대사를 촉진해 혈액순환에도 도움이 된다.

tip

● 잎모양이 쐐기풀과 비슷해서 동물들은 잘 먹지 않는다.
● 풀에서 좋지 않은 냄새가 나지만 유용한 초본이다.

꿀풀과 여러해살이풀

Lamium album

① **분포_** 전국 각지
② **생지_** 산지의 약간 그늘진 곳
③ **화기_**5월
④ **수확_** 5~6월(개화기)
⑤ **크기_** 40~60cm
⑥ **이용_** 온포기, 뿌리
⑦ **치료_** 자궁질환, 월경불순 요통

광대수염

생약명_야지마

20여년 간 모든 수단을 다 해도 낫지 않던 요통이 광대수염 뿌리를 달여먹고 좋아졌다는 사례가 있다. 피를 멎게 하고 통증을 없애는 효능이 있어 자궁질환, 월경불순, 요통 등에 사용한다. 개화기인 5~6월의 꽃과 겨울부터 초봄 사이에 캔 뿌리의 약성이 가장 좋다. 전초를 달여 전신욕을 하거나 찜질을 해도 같은 효과를 본다.

약용방법

- 중불에 진하게 달이거나 가루를 내어 사용한다. 외상에는 갈아서 붙인다.
- 치유되는 대로 중단한다.

꿀풀과 두해살이풀

Lamium amplexicaule

① **분포_** 전국 각지

② **생지_** 밭둑, 풀밭, 길가

③ **화기_**4~5월

④ **수확_** 개화 후

⑤ **크기_** 30㎝ 정도

⑥ **이용_** 온포기

⑦ **치료_** 진통, 타박상, 근육통

광대나물

생약명_보개초

꽤 귀엽게 생긴 꽃이지만 눈에 잘 띄지 않는 까닭에 사람들의 시선은 끌지 못한다. 어린잎은 나물로 먹고 전초를 약용한다. 오래 달이거나 생즙 그대로 복용한다. 지혈작용으로 피를 멎게 하며 진통, 타박상 등에 효능이 있어서 붓기를 쉽게 가라앉힌다. 또한 근육통, 사지마비, 타박상으로 인한 골절상 등에도 이용한다.

tip

● 잎모양이 비슷해 토끼풀과 혼동하기도 한다.
● 달여 먹거나 생즙을 내서 먹는 것만으로도 암을 예방할 수 있다.

괭이밥과 여러해살이풀

Oxalis corniculata L.

① **분포_** 전국 각지
② **생지_** 들이나 밭, 빈터
③ **화기_** 5~8월
④ **수확_** 7~8월
⑤ **크기_** 20~50cm
⑥ **이용_** 온포기
⑦ **치료_** 각 종 가려움증 해소 피부질환, 소염, 해독

괭이밥

생약명_ 작장초

비오는 날이나 밤에 꽃을 닫았다가 낮이 되면 다시 활짝 핀다. 전초에 옥살산이 함유되어 씹으면 신맛이 난다. 알코올 중독, 중금속 중독 등 온갖 독을 다 해독하는 능력이 뛰어나며, 생잎을 짓찧어 바르면 가려움이나 옴 등의 피부병이 금방 낫는다. 다량 섭취하면 소화기의 점막을 자극해 염증을 일으키기도 하니 주의한다.

애기괭이밥
자주괭이밥

약용방법

● 중불로 진하게 달여서 약용한다.
● 독성이 없지만 치유되는 대로 중단한다.

노박덩굴과 낙엽 활엽 덩굴

Celastrus orbiculatus

① **분포_** 전국 각지
② **생지_** 산과 들의 숲속
③ **화기_** 5~6월
④ **수확_** 가을~겨울
⑤ **크기_** 10m 정도
⑥ **이용_** 잎, 뿌리, 열매
⑦ **치료_** 생리통, 냉증, 요통 등

노박덩굴

생약명_ 남사등

열매가 꽃보다 훨씬 화사한 덩굴식물이다. 꽃은 유심히 보지 않으면 보이지 않을 정도로 볼품없다. 줄기와 뿌리, 열매 모두 약으로 쓴다. 열매는 따뜻한 성질을 지녀 생리통과 냉증 치료에 특효약이라 부를 만큼 자주 쓰이며, 뿌리줄기는 허리 통증과 요통, 류머티즘에 폭넓게 사용한다. 중국에서도 근육통과 관절통에 약용한다.

tip

● 탕(湯) : 매일 달여 그날에 마시는 것이 기준이다. 하루 분량을 3회로 나누어 식전 또는 식후에 복용한다.

백합과 여러해살이풀

Tulipa edulis

① **분포_** 제주, 전남, 전북
② **생지_** 양지바른 풀밭
③ **화기_** 4~5월
④ **수확_** 가을~이듬해 봄
⑤ **크기_** 30~40cm
⑥ **이용_** 비늘줄기
⑦ **치료_** 해독작용,종기, 악창 항암보조제

산자고_까치무릇

생약명_ 산자고

한국의 야생 튤립이다. 둥근 비늘줄기에 약독이 있지만, 이 독이 도리어 염증을 식히고 종기를 가라앉힌다. 약한 마취를 일으켜 위염을 치료하며, 최근에는 항암효과가 있는 것으로 밝혀져 식도암, 폐암 등을 치료하는데도 이용한다. 날 것을 곱게 찧어 환부에 바르거나 그늘에 말려 진하게 달여 마신다.

약용방법

● 중불에 진하게 달이거나 술을 담가 음용한다. 외상에는 으깨서 붙인다.
● 치유되면 복용을 중단한다.

현삼과 한해살이풀

Mazus japonicus

① **분포_** 제주, 전남, 전북
② **생지_** 밭이나 빈터의 습한 곳
③ **화기_** 5~8월
④ **수확_** 여름~가을
⑤ **크기_** 5~20cm
⑥ **이용_** 온포기
⑦ **치료_** 각종 해독, 지통작용

주름잎

생약명_ 통천초

잎에 주름살이 지는 특징으로 붙은 이름이다. 논둑이나 습지 등 아무데서나 잘 자라는 잡초지만 전초를 통천초라고 부르며 약용한다. 지통, 해독의 효능이 있어서 푹 달이거나 술을 담가 복용하면 열을 내리고 종기를 없애고 해독하는 데 큰 도움이 된다. 비슷한 식물로 누운 주름잎이 있다. 연한 순은 나물로 먹는다.

누운주름잎

tip

● 열매는 맛이 없어서 잘 먹지 않는다. 대체로 뱀딸기처럼 노란 꽃이 피는 딸기는 맛이 없고, 흰 꽃이 피는 것은 먹을 수있다.

장미과 여러해살이풀

Duchesnea chrysantha

① **분포_** 전국 각지
② **생지_** 산과 들, 논밭둑, 길가
③ **화기_** 4~5월
④ **수확_** 4~6월, 9~10월
⑤ **크기_** 60~120cm
⑥ **이용_** 온포기, 열매
⑦ **치료_** 감기, 해열, 피부염 아토피

뱀딸기

생약명_ 사매

뱀딸기라지만 뱀이 먹으러 오는 것은 아니다. 열매와 뿌리를 주로 해열약이나 기침약으로 약용한다. 피부염에도 상당한 효과가 있다. 건조한 전초를 10분정도 끓여 목욕의 마지막 헹굼물로 사용하거나 생잎을 찧어 붙이면 아토피 피부가 좋아질 수 있다. 어린순은 비타민과 미네랄이 풍부해서 녹즙으로 이용한다.

tip

● 3개의 가지 끝에 각각 3개씩 9개의 잎이 달린다고 삼지구엽초라고 부른다.
● 음양곽이라 하여 약재로 쓴다.

매자나무과 여러해살이풀

Epimedium koreanum

① **분포_** 경기, 강원 이북
② **생지_** 산과 들, 논밭둑, 길가
③ **화기_** 4~5월
④ **수확_** 여름~가을
⑤ **크기_** 20~30cm
⑥ **이용_** 온포기
⑦ **치료_** 감기, 해열, 피부염 아토피

삼지구엽초

생약명_ 음양곽

오래전부터 정력을 돋우는데 사용해 온 식물이다. 불임증과 치매를 예방하는 약초로도 이름이 높다. 발기부전, 전신불수, 류머티즘 등에 응용하며, 냉증으로 임신이 잘 되지 않은 증상에도 이용한다. 여름과 가을 두차례, 줄기와 잎을 베어 그늘에서 잘 말린 후 달여 마시거나 차로 마신다.

약용방법

● 중불로 오래 달여서 탕으로 약용한다.
● 다량으로 섭취할 경우, 각기병에 걸릴 수 있다.

속새과 여러해살이풀

쇠뜨기

Equisetum arvense

생약명_ 문형

① **분포_** 전국 각지
② **생지_** 들과 밭, 야산
③ **화기_** 없음
④ **수확_** 여름~가을
⑤ **크기_** 10~40cm
⑥ **이용_** 온포기, 뿌리
⑦ **치료_** 신장결석, 방광결석 등

성가신 잡초. 그러나 칼슘 함량이 시금치의 155배나 되는 식물성 미네랄의 보고(寶庫). 신장과 방광의 결석을 녹여내는 효능이 대단해서 차로 마시면 소변 색이 진하게 배출되면서 체내의 독이 빠져나가는 느낌을 받는다. 일본에서 펴낸 '건강, 영양식품 사전'에 보면 꾸준히 복용하는 것만으로도 암세포를 파괴한다고 적혀 있다.

약용방법

● 진하게 달이거나 가루를 내어 이용한다. 외상에는 으깨서 붙인다. ● 어지럽거나 속이 메스꺼운 증상이 나타날 수 있다.

부처손과 상록 여러해살이풀

Selaginella tamariscina

① **분포_** 전국 각지
② **생지_** 산의 바위 위, 나무 위
③ **화기_** 없음
④ **수확_** 가을~이듬해 봄
⑤ **크기_** 20~30cm
⑥ **이용_** 온포기
⑦ **치료_** 신장결석, 방광결석 등

부처손

생약명_ 권백

바위 위에 죽은 것처럼 오그라들어 있다가 봄비를 맞으면 금세 새파랗게 살아난다. 생으로는 월경불순이나 복부의 종양, 타박상 등에 사용하고, 말린 것은 토혈이나 하혈, 혈뇨 등에 사용한다. 전초 60g 정도를 물이 반이 될 때까지 푹 달여 식전 공복에 마신다. 현재 중국에서 피부암, 인후암 등에 대한 항암 연구가 진행되고 있다.

약용방법

- 진하게 달이거나 가루를 내어 이용한다.
- 치유되는 대로 중단한다.

속새과 상록 여러해살이풀

Equisetum hyemale

① **분포_** 제주도, 강원도

② **생지_** 고산 지대의 습한 그늘

③ **화기_** 없음

④ **수확_** 여름~가을

⑤ **크기_** 30~60cm

⑥ **이용_** 온포기

⑦ **치료_** 신장결석, 방광결석 등

속새

생약명_ 목적

제주도, 울릉도, 강원도의 높은 산이나 계곡의 습지에 군락을 이뤄 자란다. 여름과 가을에 속이 비어있는 줄기의 지상부를 잘라서 달임약을 만들어 약용하며, 월경과다나 치질, 장 출혈 등에 하루 10-25g씩 먹는다. 민간에서는 전초를 물에 달여 치질과 눈앓이에 세척약으로 쓰며, 관절염이나 진통제 대용으로도 이용한다.

약용방법

● 중불에 진하게 달여서 음용한다.

골풀과 여러해살이풀

Luzula capitata

① **분포_** 전국 각지
② **생지_** 평지의 풀밭, 산기슭
③ **화기_** 4~5월
④ **수확_** 5~6월
⑤ **크기_** 10~40cm
⑥ **이용_** 온포기, 씨앗
⑦ **치료_** 지사제, 소변불통

꿩의밥

생약명_ 지양매

골풀과의 초본이지만 사초와 더 유사하다. 6~70년대에는 아이들이 등하굣길에 이삭을 뜯어 먹던 군것질거리이자 구황식물이었다. 여름에 적갈색으로 달리는 씨앗과 전초를 지양매라 부르며 약용하며, 주로 소변불통이나 설사를 치료하는 데 쓰인다. 씨앗은 다른 곡물과 함께 곱게 빻아 빵이나 수제비로 먹을 수 있다.

약용방법

- 중불에 진하게 달이거나 생즙으로 약용한다. 외상에는 생즙 또는 달인 물을 바른다.
- 치유되면 바로 중단한다.

국화과 1년 또는 2년생풀

Sonchus oleraceus

① **분포_** 전국 각지
② **생지_** 들이나 길가
③ **화기_** 5~9월
④ **수확_** 여름~가을
⑤ **크기_** 30~100cm
⑥ **이용_** 뿌리
⑦ **치료_** 청혈 작용, 황달

방가지똥

생약명_ 고거채

꽃은 민들레, 잎모양은 엉겅퀴와 닮았다. 줄기를 자르면 진액이 나오는데 보통 식물의 섭취 여부를 판단할 때, 하얀 진액이 나오면 대부분 먹을 수 있는 것으로 간주한다. 쓰고 차가운 성분이 열을 내리고 피를 맑게 한다. 특히 황달 증세에 좋다. 중국 고서에는 오장(비장, 위, 간, 신장, 폐)의 잡귀를 쫓아낸다고 기록되어 있다.

약용방법

● 진하게 달이거나 생즙, 술을 담가서도 쓴다. 외상에는 생즙을 바른다.

● 치유되는 대로 중단한다.

제비꽃과 여러해살이풀

Viola mandshurica

① **분포_** 전국 각지

② **생지_** 야산이나 들의 양지

③ **화기_** 4~5월

④ **수확_** 5~7월

⑤ **크기_** 10~20cm

⑥ **이용_** 온포기

⑦ **치료_** 해열 , 이뇨, 불면증 등

제비꽃

생약명_ 지정

비타민 C가 오렌지의 4배나 된다. 뿌리를 포함한 전초를 채취해 약용하며, 특히 점액질이 있어 참마처럼 보이는 뿌리가 해열, 이뇨작용을 한다. 관절염이나 불면증, 변비에 하루 10g 정도를 달여서 복용하거나 즙으로 약용한다. 타박상에는 생잎을 굵은 소금으로 주무른 다음 환부에 붙이면 효과를 볼 수 있다.

약용방법

● 중불에 진하게 달이거나 술을 담가서 쓴다.
● 해롭지는 않지만 치유되는 대로 중단한다.

장미과 낙엽 활엽 관목

Rosa rugosa

① **분포_** 전국 각지
② **생지_** 바닷가 모래땅, 산기슭
③ **화기_** 5~7월
④ **수확_** 5~7월(꽃), 8~9월(열매)
⑤ **크기_** 10~20cm
⑥ **이용_** 꽃(봉오리), 뿌리, 열매
⑦ **치료_** 스트레스성 위염, 복통

해당화

생약명_ 매괴화

2차 대전 당시, 영국은 부족한 오렌지 대신 해당화를 비타민 공급원으로 사용했다. 그만큼 비타민 C가 풍부한 나무다. 뿌리를 매괴근이라 하여 약용하며, 꽃봉오리와 열매 역시 함께 이용한다. 차가운 몸의 혈액순환을 돕고 위장을 보호하기에 스트레스로 인한 신경성 위염에 늘 시달리는 직장 여성들에게 아주 좋은 약초다.

약용방법

● 중불에 진하게 달이거나 생즙을 내어 사용한다.
● 해롭지는 않지만 자주 먹지 말아야 한다.

골무꽃

생약명_ 한신초

꽃이 피어 있지 않으면 잡초라고 생각하고는 지나쳐 버리게 된다. 바느질 할 때 끼던 골무와 닮은 식물로 전초와 뿌리를 달여서 약용한다. 피를 멈추게 하는 작용으로 각혈, 자궁출혈, 월경과다 등에 효력이 있으며, 통증을 진정시키기 때문에 치통에도 사용한다. 독충이나 뱀에게 물렸을 때 생즙을 내어 바르면 효과가 있다.

꿀풀과 여러해살이풀

Scutellaria indica

① **분포_** 전국 각지
② **생지_** 산이나 들의 숲가, 길섶
③ **화기_** 5~6월
④ **수확_**개화기
⑤ **크기_** 10~30cm
⑥ **이용_** 온포기, 뿌리
⑦ **치료_** 각혈 ,월경과다, 치통 등

약용방법

● 중불에 진하게 달이거나 가루를 내어 사용한다.
● 해롭지는 않지만 치유되면 바로 중단한다.

석죽과 여러해살이풀

Pseudostellaria hoterophylla

① **분포_** 전국 각지
② **생지_** 산지의 나무 밑, 숲 속
③ **화기_** 5월
④ **수확_** 7~8월
⑤ **크기_** 10~15cm
⑥ **이용_** 덩이뿌리
⑦ **치료_** 강장보호, 위장병, 발열

개별꽃

생약명_ 태자삼

별꽃의 유사종으로 들별꽃이라고도 한다. 인삼을 닮아 한방에서 태자삼이라고 부르는 뿌리를 위장병이나 기침 등에 약용한다. 인삼의 주성분인 사포닌이 들어 있어서 허약체질인 사람이나 아이들의 갑작스런 발열에 좋다. 인삼보다 효과는 적지만 인삼을 먹고 나타나는 부작용은 일어나지 않는다.

약용방법

- 중불에 진하게 달여서 복용하고 열매는 생으로 먹는다.
- 해롭지는 않지만 치유되면 바로 중단한다.

가지과 여러해살이풀

Solanum nigrum

① **분포_** 전국 각지
② **생지_** 야산, 길가, 밭둑
③ **화기_** 5~7월
④ **수확_** 가을
⑤ **크기_** 20~90cm
⑥ **이용_** 온포기, 열매, 꽃
⑦ **치료_** 기관지염, 황달, 고혈압

까마중

생약명_ 용규

예로부터 써왔던 약재 중의 하나로, 들이나 길가에서 자란 것 보다 산에서 자란 것의 약성이 더 높다. 전초와 열매에 해열과 이뇨작용을 돕는 히스토닌 성분이 함유되어 있어서 기관지염이나 신장염, 고혈압, 황달, 종기 등에 이용한다. 열매를 가루 내어 먹으면 기침이 멎기도 하지만 설사를 할 수도 있으니 주의한다.

머루

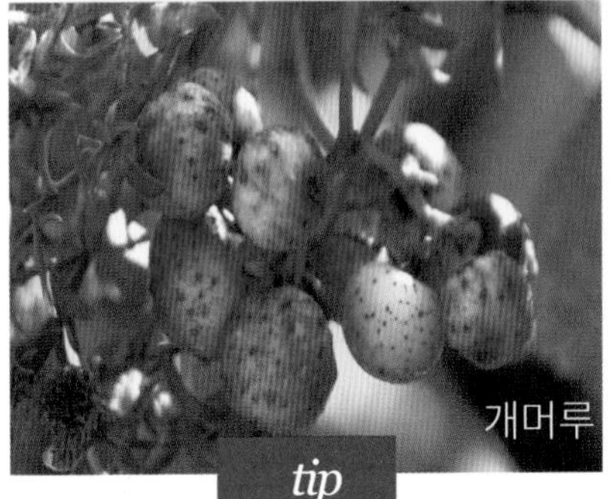

개머루

tip

● 산포도라고 부르는 머루와 개머루는 이름이 비슷하지만 다른 초본이다.

머루

생약명_ 산포도

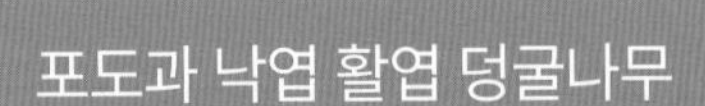

Vitis coignetiae

① **분포_** 전국 각지
② **생지_** 산골짜기 숲 속
③ **화기_** 5~6월
④ **수확_** 8~10월
⑤ **크기_** 약 10m(길이)
⑥ **이용_** 열매, 뿌리
⑦ **치료_** 강장보호, 피로회복 부종, 항암작용

포도보다 달고 맛이 좋다. 칼슘, 탄수화물, 비타민C 등이 풍부할 뿐 아니라, 심혈관 질환 예방 및 항암작용을 하는 레스베라트롤을 함유하고 있다. 열매 외에 잎과 줄기, 뿌리 역시 약용하는데, 몸이 붓는 부종에 차처럼 달여서 마시면 잘 낫는다. 열매로 만든 술은 피로회복이나 중환자의 회복을 돕는 약주로 높이 평가받는다.

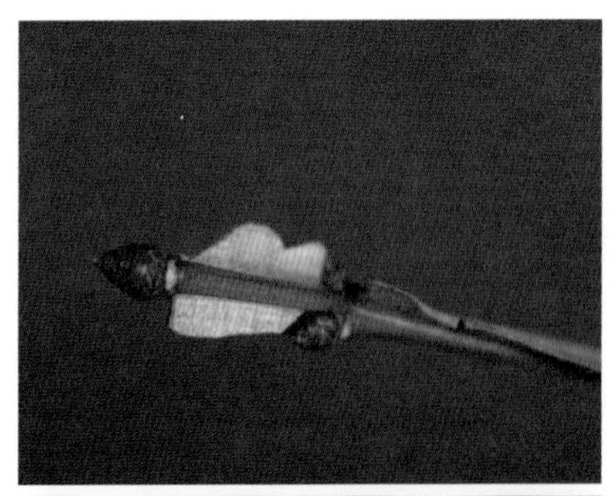

약용방법

- 중불에 진하게 달이거나 술에 담가 복용한다.
- 치유되는 대로 중단한다.

노박덩굴과 낙엽 활엽 관목

Euonymus alatus

① **분포_** 전국 각지
② **생지_** 산기슭, 산중턱
③ **화기_** 5~6월
④ **수확_** 연중
⑤ **크기_** 약 3m
⑥ **이용_** 가지, 줄기, 열매
⑦ **치료_** 생리불순, 산후통증
각종 암 보조제

화살나무

생약명_ 귀전우

단풍이 아름다운 낙엽관목이 아니라, 타박상을 치료해 왔던 약용나무다. 가지에 붙어 있는 코르크 모양의 날개를 꺾어 잘 말린 다음 약재로 쓴다. 활혈 및 통경작용으로 생리불순이나 산후복통 등에 이용한다. 민간에서는 식도암, 위암에도 사용하는데, 실제로 TV에 나와 암이 나았거나 상태가 좋아졌다는 사람들이 종종 있다.

약용방법

- 진하게 달이거나 가루를 내어 복용하며 술에 담가 쓴다.
- 과용하면 임산부의 유산 위험이 높다.

으름덩굴과 낙엽 활엽 덩굴나무

Akebia quinata

① **분포_** 전국 각지

② **생지_** 산기슭, 들, 숲 속

③ **화기_** 4~5월

④ **수확_** 가을 이듬해 봄

⑤ **크기_** 약 5m

⑥ **이용_** 줄기

⑦ **치료_** 신장염, 방광결석, 부종 월경불순 등

으름덩굴

생약명_ 목통

가을의 대표적인 미각 중 하나. 줄기는 약으로 쓰고 잎은 차로 달여 마신다. 줄기를 목통이라 부르는데, 소변을 잘 나오게 하는 약재로 유명하다. 개오동과 함께 달여 콩팥염이나 신장병으로 인한 부종이나 방광의 결석을 치료할 수 있다. 월경불순, 모유 부족에도 사용한다. 달임액으로는 종기를 씻어내는 방법도 있다.

약용방법

- 겉껍질을 제거하고 건조한 후에 진하게 달여서 복용한다.
- 치유되는 대로 중단한다.

으름덩굴과 상록 활엽 덩굴나무

멀꿀

Stauntonia hexaphylla

생약명_ 야모과

① **분포_** 남쪽 섬 지방
② **생지_** 산지의 나무 밑, 숲 속
③ **화기_** 5월
④ **수확_** 가을
⑤ **크기_** 약 5m
⑥ **이용_** 줄기, 열매, 뿌리
⑦ **치료_** 각기병, 이뇨제 등

으름덩굴과 함께 사랑 받아온 열매지만 지금은 시장에서 유통되지 않아 많이 아쉽다. 옛부터 각기병과 뇌졸중 예방약으로 즐겨 썼던 약초로, 장내의 콜레스테롤을 억제하고 혈중 콜레스테롤을 낮추는 효능을 갖고 있다. 줄기, 잎을 건조시켜 음용하면 기생충이 생기지 않는다고 하며, 중국에서는 이뇨제로 이용한다.

약용방법

● 중불에 진하게 달이거나 생즙, 술을 담가서도 쓴다. 열매는 생으로 먹는다.
● 치유되는 대로 중단한다.

백합과 낙엽 활엽 덩굴나무

Smilax china

① **분포_** 전국 각지
② **생지_** 산지의 숲 가장자리
③ **화기_** 5월
④ **수확_** 가을~이듬해 봄
⑤ **크기_** 2~3m
⑥ **이용_** 열매, 뿌리
⑦ **치료_** 강장보호, 위장병, 발열

청미래덩굴

생약명_ 토복령(뿌리), 발계엽(잎)

암환자가 산에 들어가 열매를 먹고 완치되어 왔다고 산귀래(山帰来)라고 부른다. 뿌리를 매독 등 성병 치료에 이용하며, 수은중독을 푸는 효능이 대단해서 민간에서는 위암, 식도암, 직장암, 자궁암 등에 이용하기도 한다. 난치병의 주원인이 수은중독인 만큼 학계에서는 항암 치료제로서의 능력을 잔뜩 기대하고 있는 약초다.

약용방법

● 진하게 달이거나 가루를 내어 복용하되, 기준량을 철저히 지켜야 한다. ● 임산부나 허약체질인 사람은 절대 복용해서는 안된다.

대극과 여러해살이풀

Euphorbia sieboldiana Morren

① **분포_** 전국 각지
② **생지_** 산지의 숲 속
③ **화기_** 5~6월
④ **수확_** 개화기 전
⑤ **크기_** 30~40cm
⑥ **이용_** 뿌리
⑦ **치료_** 복수염, 복막염, 이뇨

개감수

생약명_ 감수

독이 곧 약이다. 개감수도 예외는 아니다. 일반적으로 가정에서 잘 사용하지 않는 유독 식물이지만, 한방에서는 준하축수(峻下逐水) 의약품으로 분류하고 있다. 준하축수란 수분을 강력하게 빠지게 한다라는 뜻으로, 심각한 설사를 일으켜 대량의 수분을 배출시키는 약리 작용으로 복수염이나 종양, 복막염 등을 치료한다.

약용방법

● 진하게 달이거나 가루를 내어 쓴다. 외상에는 달임물로 씻는다.
● 독성이 있으므로 주의를 요한다.

대극과 두해살이풀

Euphorbia helioscopia

① **분포_** 경기도 이남
② **생지_** 논둑이나 밭둑, 들 바닷가 모래땅
③ **화기_** 5월
④ **수확_** 개화기
⑤ **크기_** 20~30cm
⑥ **이용_** 온포기
⑦ **치료_** 이뇨, 결핵, 식도암

등대풀

생약명_ 택칠

진액에 닿으면 염증이나 수포 등의 피부염과 결막염이 일어나며, 잘못 먹었다간 목이 부어 구토와 복통에 시달리게 된다. 그러나 죽을 정도까지는 아니다. 개화기에 뿌리를 제외하고 채취한 전초를 약용한다. 소변이 잘 나오게 하고 담을 삭이는 효능이 있다. 최근 이 풀로 결핵이나 식도암 등에 대한 임상연구가 진행 중이다.

tip

● 서양에서도 두통치료제로 이용한다.
● 예전에 은단을 만들 풀이다. 혀끝이 찌릿할 정도로 맵다.

족도리풀

생약명_ 세신

주로 뿌리를 이용했으나 요즘엔 전초 모두를 약용한다. 생약명인 세신은 뿌리가 가늘면서 매운 맛을 낸다고 붙은 이름이다. 마취와 해열, 진통 작용 등으로 관절염, 근육통, 감기, 만성 기관지염에 효과가 있다. 약용할 때는 기준량을 넘지 말아야 하며, 신장장애를 일으키는 성분이 있으므로 식용은 삼가해야 한다.

쥐방울덩굴과 여러해살이풀

Asarum sieboldii

① **분포_** 전국 각지
② **생지_** 고산의 숲 속
③ **화기_** 4~5월
④ **수확_** 5~7월
⑤ **크기_** 10~15cm
⑥ **이용_** 온포기
⑦ **치료_** 관절염, 치통, 편두통 등

약용방법

- 중불에 진하게 달이거나 생즙을 내어 쓴다. 외상에는 짓이겨 환부에 붙인다.
- 치유되는 대로 중단한다.

꼭두서니과 1년 또는 2년 덩굴풀

Galium spurium

① **분포_** 전국 각지
② **생지_** 길가, 빈터, 들
③ **화기_** 5~6월
④ **수확_** 7~8월
⑤ **크기_** 60~90cm
⑥ **이용_** 온포기
⑦ **치료_** 신장결석, 방광염
종양제거, 전립선 등

갈퀴덩굴

생약명_ 팔선초

일설에는 환삼덩굴의 옛 이름이라고도한다. 길가나 빈터 등에서 자라는 흔한 잡초이지만 약효가 대단하다. 강력한 이뇨작용과 소염작용으로 몸속 노폐물을 배출하고 결석을 녹이며 부종을 개선한다. 또, 염증을 완화해서 방광염, 전립선 등 비뇨기 계통의 감염 예방에 효과를 기대할 수 있다.

약용방법

- 중불에 진하게 달여서 복용하고 외상에는 짓이겨 환부에 붙인다.
- 치유되면 바로 중단한다.

콩과 여러해살이 덩굴풀

Vicia amoena

① **분포_** 전국 각지
② **생지_** 들, 산기슭
③ **화기_** 4~5월
④ **수확_** 개화기
⑤ **크기_** 80~180cm
⑥ **이용_** 온포기
⑦ **치료_** 류머티즘, 관절통, 종기

갈퀴나물

생약명_ 산완두

콩과의 특성대로 다른 물체를 감아오르며 자란다. 잡초처럼 보이지만 각종 미네랄이 풍부한 유익한 초본이다. 통증을 멈추는 효능과 혈액을 돌게 하고 열독을 푸는 효능이 있다. 개화기에 따다가 말려둔 전초를 하룻동안 푹 달인 다음 8~20cc 정도씩 복용하면 좋다. 류머티즘, 관절염, 근육마비, 종기 등의 치료에 쓴다.

약용방법

- 건조한 어린 가지를 진하게 달여서 복용하며 어린잎은 차로 마신다.
- 치유되면 복용을 중단한다.

녹나무과 낙엽 활엽 관목

Lindera obtusiloba

① **분포_** 전국 각지

② **생지_** 산기슭 양지, 숲 속

③ **화기_** 3월

④ **수확_** 연중

⑤ **크기_** 3~8m

⑥ **이용_** 어린가지, 열매

⑦ **치료_** 관절통, 새치 방지 등

생강나무

생약명_ 황매목

주로 향수나 이쑤시개를 만드는 나무로, 개화는 산수유나무에 비해 다소 느리다. 9월에 검붉게 익는 둥근 장과를 따서 소화불량이나 감기 등의 증상에 달여 쓰며, 어린가지는 뼈를 튼튼하게 하는 효능이 있어 뼈마디가 쑤실 때 약용한다. 가지, 잎, 껍질 모두 입욕제로도 사용하는데, 습진을 치료하는 효과가 있다.

약용방법

● 차로 달여 마시거나 술을 담가 복용한다.
● 오래 복용할 수록 좋다.

층층나무과 낙엽 활엽 소교목

Cornus officinalis

① **분포**_ 중부 이남
② **생지**_ 산기슭, 인가 부근
③ **화기**_ 5월
④ **수확**_ 가을~초겨울
⑤ **크기**_ 3~7m
⑥ **이용**_ 열매
⑦ **치료**_ 강장보호, 피로회복 등

산수유나무

생약명_ 산수유

줄여서 산수유라고도 한다. 처음에 녹색이었다가 가을이 되면 붉게 익는 열매를 산수유라고 부르는데, 씨를 제거하고 잘 말려서 약재로 쓴다. 예부터 자양강장과 피로 회복의 으뜸약으로 널리 이용되고 있으며, 위의 신경을 진정시키는 효능도 있어서 위가 약한 사람의 두통약으로도 적합하다.

약용방법

● 중불에 진하게 달여서 복용한다.
● 치유되면 복용을 바로 중단한다.

보리수

보리수나무과 낙엽 활엽 관목

Elaeagnus umbellatus

생약명_ 우내자

① **분포_** 전국 각지
② **생지_** 산과 들
③ **화기_** 5~6월
④ **수확_** 10월(성숙기)
⑤ **크기_** 3~4m
⑥ **이용_** 어린가지, 잎, 열매
⑦ **치료_** 가래, 천식, 고혈압 등

가지에 난 가지에 찔리면 따가우니 조심해야 한다. 4월부터 피는 꽃은 처음에 흰색이었다가 노랗게 변화한다. 보통 2~3m 정도이지만 큰 것은 5m까지 자란다. 보리가 여물 때 같이 익는 열매를 가래,기침, 천식 등의 호흡기 질환과 고혈압에 약용한다. 어린가지와 잎을 건조해서 차로 마셔도 같은 효과를 얻을 수 있다.

약용방법

- 열매 말린 것을 진하게 달이거나 가루를 내어 복용한다.
- 복용 기간 동안 물을 자주 많이 마시지 않도록 한다.

감나무과 낙엽 활엽 교목

Diospyros lotus

① **분포_** 경기 이남
② **생지_** 인가 부근에 식재
③ **화기_** 5~6월
④ **수확_** 가을(열매 성숙기)
⑤ **크기_** 10m 정도
⑥ **이용_** 열매, 열매꼭지, 잎
⑦ **치료_** 강장보호, 위장병, 발열

고욤나무

생약명_ 소시

감나무과의 활엽 교목으로 10m 정도까지 자라며, 콩보다 크고 거봉보다 작은 열매를 맺는다. 열매는 완전히 익지 않으면 떫어서 도저히 먹을 수가 없다. 약으로 쓸 때는 포도색으로 잘 익은 열매를 따야 한다. 열매에 다량 함유되어 있는 타닌의 혈압 강하작용으로 혈관의 투과성을 높여 중풍이나 고혈압, 관절염 등을 예방한다.

약용방법

● 중불에 진하게 달이거나 술을 담가서 복용한다.
● 가급적 많이 복용하지 않도록 한다.

장미과 낙엽 활엽 소교목

Sorbus commixta

① **분포_** 강원, 경기 이남
② **생지_** 산지의 나무 밑, 숲 속
③ **화기_** 5~6월
④ **수확_** 여름~가을
⑤ **크기_** 6~8m
⑥ **이용_** 열매, 나무껍질
⑦ **치료_** 기침, 가래, 갈증 해소 등

마가목

생약명_ 정공피

아궁이에 일곱 번 넣어 태워도 잘 타지 않기 때문에 양질의 숯을 만들 때 쓴다. 약으로 쓰는 열매는 주로 차로 이용하는데, 빛깔은 물론 향이 은은하면서도 매력적이다. 열매가 익으면 채취하여 볕에 말렸다가 진하게 달여 복용한다. 중풍을 예방하며 기침, 가래를 가라앉히고, 갈증을 없애는 효과가 있다.

tip

● 석류는 인간에게 필수적인 미네랄, 칼륨, 비타민 B1, B2, C 등이 잔뜩 포함된 슈퍼푸드다.

석류나무과 낙엽 활엽 소교목

Punica granatum

① **분포_** 남부 지방
② **생지_** 인가 부근 식재
③ **화기_** 5~6월
④ **수확_** 가을
⑤ **크기_** 10~15cm
⑥ **이용_** 열매, 껍질, 뿌리, 잎, 꽃
⑦ **치료_** 갱년기 증상 개선
구내염, 치통 등

석류

생약명_ 석류

'여성을 위한 과일'이다. 오래 전부터 건강과 미용을 위해 먹어왔다. 비타민과 여성 호르몬의 밸런스를 잡아주는 에스트론이 풍부해 폐경 개선은 물론, 갱년기 증상 완화와 노화 방지에 효과가 있다. 민간요법으로 구내염이나 편도선염, 치통 등에 껍질을 달인 물로 양치질을 하면 낫는다고 한다.

약용방법

● 중불에 진하게 달이거나 가루, 또는 술을 담가서 복용한다.
● 많이 먹어도 해롭지 않다.

장미과 낙엽 활엽 관목

Chaenomeles sinensis

① **분포_** 중부 이남
② **생지_** 인가 부근 식재
③ **화기_** 4~5월
④ **수확_** 가을
⑤ **크기_** 6~20m
⑥ **이용_** 열매
⑦ **치료_** 기침, 감기, 인후통 등

모과

생약명_ 목과

모과는 익을수록 향기가 강해진다. 새콤한 향기가 풍겨 꽤 맛있을 것 같지만 생식에는 전혀 적합하지 않다. 꿀절임이나 과실주로 이용하면 인후통이나 기침에 놀랄 만큼 잘 듣는다. 열매에는 칼륨도 대량 포함되어 있다. 칼륨은 체내에 쌓여있는 소금기를 배출해 주므로 부종과 고혈압에 효과를 얻을 수 있다.

약용방법

- 중불에 진하게 달여서 복용한다.
- 가급적 많이 복용하지 않도록 한다.

동백나무

생약명_ 산다화

남해의 해안이나 산지에서 자생하는 대표적인 겨울나무로 꽃과 잎, 열매를 모두 약용한다. 지혈, 소종의 효능으로 월경과다, 산후출혈, 종독 같은 증세를 다스린다. 꽃과 잎을 다져 외상에 붙이면 지혈 효과를 볼 수 있다. 꽃은 개화기에, 잎은 언제든 채취하여 신선할 때 사용한다. 붉은 꽃보다는 흰 꽃의 약효가 더 좋다.

차나무과 상록 활엽 교목

Camellia japonica

① **분포_** 남해안 섬 지방, 제주도
② **생지_** 해안가, 마을 부근
③ **화기_** 4~5월
④ **수확_** 3월(잎 · 꽃), 가을(열매)
⑤ **크기_** 7~10m
⑥ **이용_** 잎, 꽃, 열매
⑦ **치료_** 종독, 출혈, 타박상 등

약용방법

● 중불에 진하게 달이거나 술을 담가 복용한다.
● 독성이 있으므로 복용할 때 주의를 요한다.

홀아비꽃대과 여러해살이풀

Chloranthus japonicus

① **분포_** 전국 각지
② **생지_** 산골짜기 그늘진 숲 속
③ **화기_** 4~5월
④ **수확_** 봄~여름
⑤ **크기_** 20~30cm
⑥ **이용_** 온포기
⑦ **치료_** 중풍, 종기, 월경불순 등

홀아비꽃대

생약명_ 은선초, 은전초

이름과 다르게 고귀한 자태로 꽃을 피운다. 한방에서는 은선초 또는 은전초라고 부르며 약으로 이용한다. 풍을 풀어주는 효능과 해독 능력이 있어서 기관지염을 비롯하여 월경불순 등 내과 질환이나 타박상, 악성종기 등의 외과질환의 치료제로도 쓰인다. 봄부터 여름 사이에 전초를 채취하여 햇볕에 말린 후 달여 복용한다.

약용방법

● 생잎을 으깨어 외상에 붙이거나 달임물을 환부에 자주 바른다.
● 주로 외상 치료에 효험이 있다.

현호색과 두해살이풀

Corydalis incisa

① **분포_** 제주도, 남부 지방
② **생지_** 산기슭의 그늘진 곳
③ **화기_** 4~5월
④ **수확_** 개화기 후
⑤ **크기_** 20~50cm
⑥ **이용_** 온포기, 뿌리
⑦ **치료_** 진통, 타박상

자주괴불주머니

생약명_ 자근초

맹독성 식물이다. 무심코 섭취했다가는 눈물과 침이 증가하고 경련을 일으키다가 심장마비까지 겪을 수 있다. 한복 노리개를 괴불주머니라고 하는데, 자주꽃을 피우기 때문에 자주괴불주머니라고 부른다. 전초에 살균과 해독의 효능이 있어서 상처나 타박상 등을 치료하며, 민간에서는 복통이나 월경불순에 달여서 복용한다.

tip

● 텍사스 대학 암센터에 따르면, 자운영의 추출물이 암세포를 죽이고 세포의 면역기능을 복구시킨다고 한다.

콩과 두해살이풀

Astragalus sinicus

① **분포_** 남부 지방
② **생지_** 논, 밭, 풀밭
③ **화기_** 4~5월
④ **수확_** 3~4월(연한 싹)
⑤ **크기_** 10~25cm
⑥ **이용_** 온포기
⑦ **치료_** 각종 출혈, 종기, 악창

자운영

생약명_ 자근초

자운영이 자라는 곳은 벼농사가 잘 되는 땅이라고 한다. 뛰어난 밀원식물이자 한의학에서 가장 널리 사용하는 약초 중 하나로, 중국에서도 오래 전부터 사용해 왔다. 청열, 해독의 효능이 있어 인후염, 종기, 악창, 대상포진, 잇몸출혈, 외상출혈 등에 잘 듣는다. 전초를 말려 차로 이용하거나 뿌리를 가루 내어 복용하면 된다.

약용방법

● 중불에 진하게 달이거나 생즙을 내어 복용한다.
● 치유되는 대로 중단한다.

콩과 두해살이풀

Trigonotis peduncularis

① **분포_** 전국 각지
② **생지_** 들이나 밭둑, 길가
③ **화기_** 4~7월
④ **수확_** 여름(개화기)
⑤ **크기_** 10~20cm
⑥ **이용_** 온포기
⑦ **치료_** 각종 출혈, 종기, 악창

꽃마리

생약명_ 부지채

태엽처럼 둘둘 말려있던 꽃들이 펴지면서 밑에서부터 한송이씩 피기 때문에 붙여진 이름으로 '꽃말이'라고도 한다. 너무 작아서 잘 보이지는 않는다. 꽃이 피었을 때 채취하여 즙을 내어 먹거나 말린 것을 달여서 복용하면 통증을 없애고 붓기를 가라앉힌다. 오줌싸개 아이들에게 마시게 하여 효과를 보기도 한다.

Chapter 2
여름에 피는 약초

약용방법

● 중불로 진하게 달이거나 생즙을 내어 복용한다.
● 독성은 없지만 치유되면 바로 중단한다.

국화과 두해살이풀

Houttuynia cordata

① **분포_** 전국 각지
② **생지_** 밭, 들, 길가, 빈터
③ **화기_** 6월~8월
④ **수확_** 개화기(꽃), 수시로(잎)
⑤ **크기_** 20~50cm
⑥ **이용_** 꽃, 잎, 뿌리
⑦ **치료_** 소화 불량, 설사, 부종 당뇨, 이뇨제 등

개망초

생약명_ 일년봉

잎은 꽃이 피면 곧 시들어 말라 버린다. 봄에 나는 꽃과 잎, 뿌리를 약용한다. 개화기에는 꽃을, 잎은 수시로 채취한다. 꽃이 피기 시작하면 쓴맛이 강해지므로 가급적 빨리 채취해야 한다. 해독하고 소화를 돕는 효능이 있어서 부종이나 설사, 소화제로 이용한다. 북미에서는 이뇨제나 치석 제거에 이용한다고 한다.

약용방법

● 중불로 진하게 달이거나 술로 담가 복용한다.
● 해롭지는 않으나 치유되는 대로 중단한다.

노루발과 상록 여러해살이풀

Pyrola japonica

① **분포_** 전국 각지
② **생지_** 산지의 숲 속 그늘
③ **화기_** 6~7월
④ **수확_** 개화기
⑤ **크기_** 60~70cm
⑥ **이용_** 온포기
⑦ **치료_** 신경통, 류머티즘 피부염 등

노루발

생약명_ 녹제초

잎모양이 노루 발자국과 비슷해서 붙은 이름이며, 사슴이 뜯어 먹는다고 사슴풀이라고도 한다. 생잎을 짓이겨 상처난 부위나 벌레에 물렸을 때 붙이거나, 개화기 때 채취한 전초를 달여서 약용한다. 신경통, 피부염, 각종 출혈, 잇몸부종 등 다양한 증상에 활용한다. 분말로 먹으면 피임에도 효과가 있다고 한다.

약용방법

- 주로 진하게 달여서 복용한다.
- 독성은 없지만 치유되면 바로 중단한다.

범의귀과 여러해살이풀

Astilbe chinensis

① **분포_** 전국 각지
② **생지_** 산지의 물가나 습지
③ **화기_** 7~8월
④ **수확_** 여름~가을
⑤ **크기_** 30~70cm
⑥ **이용_** 온포기, 뿌리줄기
⑦ **치료_** 해열, 인후염, 편도선염

노루오줌

생약명_ 소승마

오줌 비슷한 냄새는 뿌리에서 나는데, 얼마나 지독한지 한참 손을 닦아도 잘 가시지 않는다. 열을 내리는 약효가 있어서 예부터 풀과 뿌리를 모두 약재로 썼다. 주로 해열, 두통, 타박상 등에 약용한다. 또, 달임물을 땀띠에 바르거나 입안의 종기나 인후염, 편도선염 등에 양치질을 하면 효과를 볼 수 있다.

약용방법

- 주로 진하게 달여서 복용한다.
- 독성은 없지만 치유되면 바로 중단한다.

노루삼

생약명_ 장승마

미나리아재비과 여러해살이풀

Actaea asiatica

제주도를 제외한 전국의 산속 나무 그늘에서 자란다. 높은 곳에서만 자라고 짧은 기간 동안 피다가 지기에 보기가 매우 어려운 초본이다. 삼의 잎과 유사하게 생긴 잎은 3갈래로 날카롭게 갈라지고 가장자리에 선명한 톱니가 있다. 뿌리줄기를 녹두승마라고 부르며 약용하는데, 심한 기침이나 기관지염에 효과가 있다.

① **분포_** 전국 각지(제주도 제외)

② **생지_** 산지의 응달

③ **화기_** 5월

④ **수확_** 가을

⑤ **크기_** 60~70cm

⑥ **이용_** 뿌리줄기

⑦ **치료_** 기침, 백일해, 기관지염

약용방법

● 중불로 진하게 달이거나 생즙 그대로 복용한다.
● 해롭지는 않지만 치유되면 복용을 중단한다.

비름과 한해살이풀

Amaranthus mangostanus

① **분포_** 전국 각지
② **생지_** 길가, 빈터, 텃밭
③ **화기_** 7~9월
④ **수확_** 개화기
⑤ **크기_** 1m 정도
⑥ **이용_** 온포기, 꽃
⑦ **치료_** 생리불순, 배앓이 등

비름

생약명_ 야현

잡초 같지만 세계 각지에서 약초로 인정 받는 소중한 풀이다. 예부터 생리불순과 배앓이에 효능이 있다고 즐겨 먹었다. 단백질 함량이 백미의 2배, 칼슘은 시금치보다 4배나 더 많다. 맛도 시금치와 비슷하다. 이뇨 작용 외에 β 카로틴의 항산화 작용으로 면역력이 강화되고, 안티에이징 효과가 있다고 알려져 있다.

약용방법

● 중불로 진하게 달이거나 생즙 그대로 복용한다.
● 고혈압, 당뇨병 등에는 6개월 이상 복용하면 효과가 있다.

쇠비름과 한해살이풀

Portulaca oleracea

① **분포_** 전국 각지
② **생지_** 길가, 밭, 빈터
③ **화기_** 6월
④ **수확_** 5~8월
⑤ **크기_** 10~30cm
⑥ **이용_** 온포기
⑦ **치료_** 동맥경화, 심근경색 고혈압 등

쇠비름

생약명_ 마치현

주변의 빈터나 길가에서 땅을 덮도록 자란다. 천연 항생제로 불릴 만큼 항균 효능이 높은 식물이며, 무엇보다도 오메가3을 풍부하게 함유하고 있다는 것이 강점이다. 피를 깨끗하게 만드는 오메가3은 중성지방과 체내의 콜레스테롤을 낮추고, 혈액순환을 원활하게 해 동맥경화나 심근경색, 고혈압 등에 도움이 된다.

약용방법

- 중불로 진하게 달이거나 술로 담가 복용한다.
- 독성이 있으므로 복용할 때 주의해야 한다.

양귀비과 두해살이풀

Chelidonium majus

① **분포_** 전국 각지

② **생지_** 인가 부근의 길가, 풀밭

③ **화기_** 6월

④ **수확_** 6~8월

⑤ **크기_** 30~80cm

⑥ **이용_** 온포기

⑦ **치료_** 복통, 황달, 백일해 등

애기똥풀

생약명_ 백굴채

줄기를 자르면 아기들이 누는 똥 같은 즙이 나온다. 이 즙에 알칼로이드가 들어 있다. 잘못 먹었다가는 구토, 구역질은 물론, 혼수상태에 빠질 수도 있는 맹독이다. 그러나 독은 곧 약이라 한방에서 약으로 이용한다. 진경, 진통 등의 약리작용으로 주로 복통이나 황달, 피부염 등에 쓴다. 중국에서는 백일해에도 처방한다.

tip

● 흰꽃의 약효가 가장 높다.
● 잘 말린 전초를 목욕물로 사용하면 몸을 따뜻하게 해 생리불순에 대단히 효과적이다.

취손이풀과 여러해살이풀

Geranium nepalense

① **분포_** 전국 각지
② **생지_** 산과 들
③ **화기_** 6~8월
④ **수확_** 늦봄 ~여름
⑤ **크기_** 40~50cm
⑥ **이용_** 온포기
⑦ **치료_** 이질, 설사, 변비 등

이질풀

생약명_ 현초

설사의 묘약으로 이름 높은 약초다. 잎, 꽃, 줄기를 모두 약용하는데 개화기에 채취한 것의 약성이 가장 진하다. 설사는 물론, 숙변을 해소해 변비에 도움이 되지만, 많이 먹으면 오히려 설사에 시달릴 수 있다. 종기나 뾰루지에 외용하기도 한다. 건조한 전초 10g을 물에 넣고 진하게 달여 수시로 음용하거나 차로 마셔도 된다.

약용방법

- 중불로 진하게 달여서 복용한다.
- 독성은 없지만 치유되면 바로 중단한다.

콩과 여러해살이풀

Trifolium repens L.

① **분포_** 전국 각지
② **생지_** 밭이나 길가의 양지
③ **화기_** 6~7월
④ **수확_** 봄 ~ 늦가을(새싹)
늦봄 ~ 한여름(꽃)
⑤ **크기_** 20~30cm
⑥ **이용_** 새잎, 꽃봉오리
⑦ **치료_** 기침, 가래, 통풍 등

토끼풀

생약명_ 삼소초

특이하게도 잎자루 위에 꽃을 피운다. 콩과의 여러해살이풀로 생잎을 먹기도 하지만, 구내염이나 식욕부진을 야기시키기도 하기에 가급적 삼가하는 편이 좋다. 약용 부위는 새로 나는 잎과 꽃봉오리며, 그늘에서 잘 건조시킨 다음 약으로 쓴다. 거담, 진정, 지혈작용으로 감기와 그에 따른 통풍, 출혈 등의 증상에 사용한다.

tip

● 요즘엔 행복의 상징인 네잎 클로버를 찾아 뛰노는 아이들의 모습을 볼 수 없어 매우 아쉽다.

콩과 여러해살이풀

Trifolium pratense

① **분포_** 전국 각지
② **생지_** 풀밭, 또는 재배
③ **화기_** 6~7월
④ **수확_** 개화기 전
⑤ **크기_** 30~60cm
⑥ **이용_** 온포기
⑦ **치료_** 기침, 가래, 백일해 등

붉은토끼풀

생약명_ 금화채

토끼풀 보다 꽃도 잎도 더 크다. 차이점이라면 토끼풀과 달리 꽃 아래 잎이 있다는 점이다. 토끼풀과 마찬가지로 식,약용이 가능한 초본이다. 약효도 토끼풀과 거의 비슷하다. 거담, 진정, 지혈작용이 있어 호흡기 질환 또는 아토피 같은 피부염에 약용한다. 민간에서는 말라리아나 백일해 등의 치료에도 이용한다고 한다.

tip

● 열매 즙을 동상이나 살갗이 틀 때 바르면 곧 잘 낫는다.
● 냄새의 강도는 계절에 따라 변하며 가을이 되면 거의 나지 않는다.

꼭두서니과 덩굴성 여러해살이풀

Paederia scandens

① **분포_** 중부 이남
② **생지_** 산기슭의 양지, 강둑
③ **화기_** 7~9월
④ **수확_** 가을
⑤ **크기_** 5~7m(길이)
⑥ **이용_** 뿌리, 줄기, 열매
⑦ **치료_** 피부병, 위경련, 위암

계요등

생약명_ 계요등, 계시등

줄기나 잎을 비비면 닭 비린내 같은 냄새가 난다. 산기슭의 양지바른 곳이나 물가의 풀밭에서 자라는 덩굴성 식물로, 독을 풀고 염증으로 인한 고통을 삭히는 효과가 탁월하다. 뿌리나 줄기를 달여서 약용하며, 위경련이나 위암으로 인한 통증에 주로 쓴다. 중국에서는 설사, 복통, 관절통, 종기에 이용한다.

약용방법

● 진하게 달이거나 술을 담가서 쓴다. 외상에는 달임물로 씻는다.
● 독성은 없으나 치유되면 바로 중단한다.

마디풀과 여러해살이풀

Reynoutria elliptica

① **분포_** 전국 각지
② **생지_** 냇가와 산기슭의 양지
③ **화기_** 6~8월
④ **수확_** 가을~이듬해 봄
⑤ **크기_** 1~2m
⑥ **이용_** 잎, 뿌리줄기
⑦ **치료_** 지혈, 통증 완화
관절염, 요로결석

호장근_감제풀

생약명_ 호장근

예로부터 크고 작은 통증과 질환을 치료해 오던 초본이다. 지상부가 시들 무렵 채취한 잎과 뿌리줄기를 약용하며, 지혈과 통증을 완화하는 효과가 있어서 방광염과 방광결석 등으로 인한 통증을 제거한다. 무엇보다 관절염과 류머티즘 증상에 대단한 효과를 발휘한다. 또, 잎을 따서 찰과상에 비비면 흐르는 피가 바로 멈춘다.

약용방법

- 중불로 진하게 달이거나 분말로 복용한다.
- 치유되는 대로 중단한다.

석죽과 두해살이풀

Sagina japonica (Sw.) Ohwi

① **분포_** 전국 각지
② **생지_** 밭이나 길가의 양지
③ **화기_** 6월
④ **수확_** 여름~가을
⑤ **크기_** 5~20cm
⑥ **이용_** 온포기
⑦ **치료_** 피부병, 옻독, 종기

개미자리

생약명_ 칠고초

다 자라야 20cm 정도로 작다. 흔하디 흔한 잡초지만 어린순을 나물로 먹고 전초를 칠고초라 부르며 약용한다. 약으로 쓸 때는 햇볕에 말려 사용하거나 신선한 것을 그대로 사용한다. 이뇨와 독을 풀어주는 효능이 있어 종기나 부스럼, 옻독이 올라 생긴 피부의 염증을 치료한다. 생잎을 짓찧어 환부에 붙이면 효과가 좋다.

tip

● 꽃은 꽃꽂이나 포푸리로 즐길 수 있지만 악취가 심하기 때문에 주의해야 한다.

마타리과 여러해살이풀

Patrinia scabiosaefolia

마타리

생약명_ 패장

① **분포_** 전국 각지
② **생지_** 산과 들
③ **화기_** 6~8월
④ **수확_** 꽃(개화기), 뿌리(가을)
⑤ **크기_** 80~150cm
⑥ **이용_** 꽃, 뿌리
⑦ **치료_** 산후질병, 눈병, 자궁염

푸른 하늘을 배경 삼아 우아한 자태를 뽐내는 식물이다. 한방에서 꽃과 조선간장 비슷한 냄새가 나는 뿌리를 약으로 쓴다. 염증과 통증을 치유하는 효능이 있어서 산후복통이나 냉, 대하증에 아주 유용한 약초다. 잘 말린 뿌리 10g 정도를 뭉근하게 달여 복용하면 좋다. 또한 달임물로 눈을 씻으면 피로한 눈을 보호할 수 있다.

약용방법

● 탕으로는 이용하지 않고 주로 분말을 내어 복용한다.
● 임산부나 간장, 비장, 신장이 약한 사람은 복용을 금한다.

콩과 여러해살이풀

Sophora flavescens

① **분포_** 전국 각지
② **생지_** 산과 들의 햇볕이 잘 드는 풀밭
③ **화기_** 6~8월
④ **수확_** 겨울~이듬해 봄
⑤ **크기_** 80~100cm
⑥ **이용_** 뿌리
⑦ **치료_** 소화기, 심혈관 계통

고삼_도둑놈의 지팡이

생약명_ 고삼 · 잠경 · 지괴

인삼과 비슷하게 생긴 뿌리에서 현기증이 날 정도의 쓴맛이 난다고 고삼(苦蔘)이라고 부른다. 뿌리에 있는 마트린 성분이 항암성을 지니고 있어 심혈관 계통의 치료에 효과가 있다. 내장을 보하고 식욕을 촉진시키는 효과로 중국에서는 위암 환자들을 치료하기도 한다. 쓴맛이 강한 것이 우량품이다.

tip

● 목질부에서 향기가 난다고 목향이라고 부르며, 꿀향이 난다고 밀향이라고도 한다.
● 약용을 목적으로 재배한다.

국화과 여러해살이풀

nula helenium L.

① **분포_** 전국 각지
② **생지_** 재배
③ **화기_** 6~8월
④ **수확_** 9~10월(뿌리)
⑤ **크기_** 1~2m
⑥ **이용_** 뿌리
⑦ **치료_** 소화 불량, 급체, 입덧

목향

생약명_ 토목향

네팔의 사찰에서 사용하는 양초는 목향으로 만들어져 독특한 냄새를 더욱 발산한다고 한다. 맵고 쓴 뿌리를 약용하는데, 뿌리를 찌면 나오는 이누린 성분이 급체로 인한 심한 구토나 임산부의 입덧, 장염으로 비롯된 설사 등을 치료한다. 뿌리를 가루 내어 먹거나, 물에 넣고 반이 될 때 까지 푹 달여음 하루 3회 정도 음용한다.

약용방법

- 진하게 달이거나 외상에는 달임물로 씻거나 짓찧어 붙인다.
- 복용 중 육식은 금물이며, 치유되는 대로 중단한다.

물레나물과 여러해살이풀

Hypericum erectum

① **분포_** 전국 각지
② **생지_** 들의 약간 습한 곳
③ **화기_** 7~8월
④ **수확_** 개화기 전
⑤ **크기_** 30~60cm
⑥ **이용_** 온포기
⑦ **치료_** 생리불순, 편도선염 류머티즘, 중풍 등

고추나물

생약명_ 소연요

이름에 고추가 들어가지만 고추처럼 맵지는 않다. 전초에 들어있는 타닌 성분이 적혈구와 백혈구를 증가시키는 작용을 해서 생리불순이나 편도선염 등에 주로 이용한다. 술에 담가 류머티즘이나 신경통, 중풍 등에도 약용할 수도 있다. 중국과 유럽에서는 우울증을 치료하는 약초로 이용된다고 한다.

tip

● 톱풀이란 이름은 톱니처럼 생긴 독특한 잎의 모양에서 딴 것이다. 분홍색, 빨간색, 노란색 등 다양한 색깔로 꽃이 핀다.

국화과 여러해살이풀

Achillea sibirica

① **분포_** 전국 각지
② **생지_** 산과 들, 길가, 풀밭
③ **화기_**7~8월
④ **수확_** 6월(온포기), 9월(뿌리)
⑤ **크기_** 50~110cm
⑥ **이용_** 온포기, 뿌리
⑦ **치료_** 식욕부진, 소화불량 생리통 등

톱풀

생약명_ 일지호

옛부터 다양하게 약용해 온 풀이다. 피부의 염증을 소독하고 오래된 세포를 제거하는 능력이 있다. 주성분인 알칼로이드가 강한 살균작용과 지혈작용으로 생리불순을 개선하고 생리통에 의한 골반 주변의 경련과 우울증을 완화한다. 차로 우려내어 늘 마시면 소화 불량이나 식욕부진, 복통 등에도 효과를 볼 수 있다.

약용방법

- 중불로 진하게 달여서 복용한다.
- 약간의 독이 있어 주의를 요한다.

방풍

생약명_ 방풍

미나리과 여러해살이풀

Ledebouriella seseloides

① **분포_** 제주, 중부 · 북부 지방
② **생지_** 모래흙으로 된 풀밭
③ **화기_** 7~8월
④ **수확_** 10월~이듬해 4월
⑤ **크기_** 약 1m 정도
⑥ **이용_** 뿌리줄기
⑦ **치료_** 중풍, 열증, 관절통 등

풍을 예방한다고 방풍이다. 최근엔 목감기에 좋다는 소문으로 호흡기 질환이 있는 사람들로부터 애용되고 있다. 잎은 나물로 식용하고 2년생 뿌리를 방풍이라 하여 약용한다. 뿌리에서 나온 에탄올 추출물이 항염진통제로 중추 억제작용이 인정되어 감기나 두통, 관절통, 근육통, 설사 등에 사용한다.

궁궁이 _천궁

생약명_ 궁궁

약용방법

- 중불로 진하게 달이거나 술을 담가 복용한다.
- 독성은 없지만 치유되면 바로 중단한다.

미나리과 여러해살이풀

Trifolium repens L.

① **분포_** 전국 각지

② **생지_** 산골짜기의 냇가

③ **화기_** 8~9월

④ **수확_** 가을 ~초겨울

⑤ **크기_** 약 100cm 정도

⑥ **이용_** 뿌리줄기

⑦ **치료_** 치통, 부인과 관련 질병

미나리과 중에서도 중소형에 속하지만 가끔 사람 키만 하게 자라는 것도 있다. 한방에서는 주로 부인병, 즉 산후출혈, 월경과다, 빈혈 등에 약용한다. 피를 보충하고 혈액 순환을 좋게하는 꼭 필요한 생약이다. 하지만 약효는 당귀 만큼 강하지는 않다. 민간에서는 꽃과 잎을 건조시켜 치통과 진통에 사용하기도 한다.

tip

● 잘 말린 전초를 무명자루에 넣어 목욕제로 이용하면 어깨 결림 같은 뭉친 근육을 푸는데 매우 효과적이다.

미나리과 여러해살이풀

갯방풍

Glehnia littoralis

생약명_ 해방풍

① **분포_** 전국 각지
② **생지_** 바닷가 모래땅
③ **화기_** 6~7월
④ **수확_** 9~10월
⑤ **크기_** 약 20cm 정도
⑥ **이용_** 온포기, 뿌리
⑦ **치료_** 중풍, 기관지염, 목욕제

방풍, 갯방풍 모두 미나리과에 속하며, 미나리과 초본은 대부분 해롭지 않다. 꽃이 지고 난 후 채취한 전초와 뿌리를 주로 통증을 가라앉히는 진통제로 약용한다. 방풍과 약성이 비슷하기 때문에 뿌리를 방풍 대신 사용하기도 한다. 중국 의학에서는 기관지염과 폐결핵에 이용하기도 한다.

약용방법

● 중불로 진하게 달여서 복용한다.
● 치유되는 대로 중단한다.

미나리과 여러해살이풀

Heracleum moellendorffii

① **분포_** 전국 각지(제주도 제외)
② **생지_** 산의 초원과 수풀 속
③ **화기_** 7~8월
④ **수확_** 가을~이듬해 봄
⑤ **크기_** 70~150cm
⑥ **이용_** 뿌리
⑦ **치료_** 위장병, 피부병, 진통제

어수리

생약명_ 백지

어수리는 미나리과 중에서 가장 큰 꽃을 피우는 초본이다. 흰색의 작은 꽃이 줄기 끝에 모여 우산처럼 활짝 핀다. 영명이 헤라클레스의 만병통치약인데, 그만큼 약성이 아주 세다. 약용할 때는 발한, 해열작용을 하는 뿌리를 건조시켜 달여 마신다. 위장병, 피부병은 물론, 해열제, 진정제, 진통제 등으로 쓴다.

약용방법

- 중불로 진하게 달이거나 증기로 찐 다음 말려서 분말로 복용한다. 술로 담아 복용해도 좋다.
- 많이 먹을수록 몸에 이롭다.

백합과 여러해살이풀

Polygonatum odoratum

① **분포_** 전국 각지
② **생지_** 산과 들의 양지바른 곳
③ **화기_** 6~7월
④ **수확_** 가을~이듬해 봄
⑤ **크기_** 30~60cm
⑥ **이용_** 땅속줄기
⑦ **치료_** 탈수, 기침, 기력회복

둥굴레

생약명_ 옥죽

회춘의 영약이다. 인삼과 같은 사포닌 성분이 쇠약해진 몸의 회복을 돕는다. 한방에서는 열병에 의한 탈수, 기침, 갈증, 빈뇨 등에 두루두루 약용한다. 진하게 달여 먹거나 보리차처럼 끓여 수시로 음용하는 것이 올바른 약용법이다. 잎과 줄기를 잘 갈아 식초와 섞은 후 타박상이나 찰과상 등에 외용하는 민간요법도 있다.

tip

● 장기 복용하면 뇌의 기능이 활성화 되어 노화를 예방할 수있지만, 월경촉진과 낙태작용이 있으므로 임신 또는 수유중일 경우에는 섭취를 피하는 것이 좋다.

가지과 낙엽 활엽 관목

Lycium chinense

① **분포_** 전국 각지
② **생지_** 마을 부근에 재배
③ **화기_** 6~9월
④ **수확_** 여름~가을
⑤ **크기_** 4m 정도
⑥ **이용_** 잎, 줄기, 열매, 뿌리
⑦ **치료_** 성기능 장애, 동맥경화

구기자

생약명_ 구기자

수명을 연장하고 노화를 방지하는 효능이 있어 양귀비도 빠짐없이 먹었다는 초본이다. 하루에 열 개 씩만 먹으면 늙지 않는다고 한다. 한방에서는 정력을 보하는 생약으로 분류하여 열매와 잎을 모두 약용한다. 열매는 달여서 다양한 눈의 증상을 완화하는 데 쓰고 잎은 성기능 장애, 동맥경화, 이뇨, 고혈압 등에 사용한다.

약용방법

● 중불로 진하게 달이거나 분말로 복용한다. 술로 담아 복용해도 좋다.
● 많이 먹을수록 몸에 이롭다.

목련과 낙엽 활엽 덩굴나무

Schisandra chinensis

① **분포_** 전국 각지
② **생지_** 산기슭의 비탈
③ **화기_** 6~7월
④ **수확_** 가을~초겨울
⑤ **크기_** 6~8m
⑥ **이용_** 열매
⑦ **치료_** 천식, 비염, 기관지염

오미자

생약명_ 오미자

빨갛게 익는 열매가 다섯 가지 맛을 낸다고 '오미(五味)'라는 이름이 붙었다. 가을에 익는 열매를 약으로 쓴다. 간 기능을 개선하는 성분인 고미신A, 단백질, 칼슘 등이 풍부해 폐를 보호하고, 기침과 천식, 비염, 만성기관지염 등 호흡기 질환에 좋다. 최근에는 고미신A 성분을 급성간염의 치료제로 연구하고 있다.

약용방법

- 중불로 진하게 달이거나 생즙으로 복용한다.
- 많이 먹을수록 몸에 이롭다.

메꽃과 여러해살이 덩굴풀

Calystegia japonica

① **분포_** 전국 각지
② **생지_** 들, 야산
③ **화기_** 6~8월
④ **수확_** 개화기
⑤ **크기_** 120cm 정도(길이)
⑥ **이용_** 꽃, 땅속줄기
⑦ **치료_** 혈압강하, 소화불량 등

메꽃

생약명_ 속근근, 선화

생약명은 속근근 또는 선화이다. 뿌리와 지상부를 모두 약으로 사용하며, 메꽃, 큰메꽃, 애기메꽃의 효능은 모두 같다. 혈압과 혈당을 내리고 소화불량에 사용된다. 한방에서는 이뇨제로도 쓴다. 꽃은 생으로 샐러드를 만들거나 끓는 물에 삶아 나물로 먹을 수 있다. 메꽃과 비슷한 식물로 바닷가에서 자라는 갯메꽃이 있다.

약용방법

● 중불로 진하게 달여서 복용한다.
● 오래 써도 무방하다.

메꽃과 여러해살이 덩굴풀

Calystegia soldanella

① **분포_** 전국 각지 의 해안가
② **생지_** 바닷가 모래밭
③ **화기_** 6월
④ **수확_** 개화기
⑤ **크기_** 1~2m(길이)
⑥ **이용_** 꽃, 땅속줄기
⑦ **치료_** 각종 통증, 호흡기 질환

갯메꽃

생약명_ 신천검, 사마등

덩굴성이라 모래 위를 기어 퍼지면서 자란다. 메꽃에 비해 분홍빛이 강하며 잎 모양도 다르다. 드물게 하얗게 피는 개체도 있다. 뿌리를 포함한 전초를 사마등 또는 신천검이라 부르며 약용한다. 진통, 이뇨, 소종 효능이 있어 관절염과 소변불통, 인후염, 기관지염 같은 질환을 다스린다. 방풍나물처럼 풍증에도 효험이 있다.

약용방법

● 중불로 진하게 달이거나 생즙으로복용한다. 술을 담가 복용해도 좋다.
● 치유되는 대로 중단한다.

꿀풀과 두해살이풀

Leonurus sibiricus

① **분포_** 전국 각지
② **생지_** 들, 빈터, 밭둑, 길가
③ **화기_** 7~8월
④ **수확_** 6~10월
⑤ **크기_** 50 ~150cm
⑥ **이용_** 온포기
⑦ **치료_** 혈액순환, 산후지혈 등

익모초

생약명_ 익모초

어머니 즉, 여성을 이롭게 한다고 익모초라고 부른다. 주로 부인병의 치료에 약용한다. 혈액순환을 도와 자궁을 수축시키고 월경을 조절하며, 산후출혈이 오래 이어지는 경우, 지혈에 효능이 있다. 줄기와 잎은 꽃이 필 무렵에, 씨는 가을에 채취하여 햇볕에 잘 말려 쓴다. 줄기가 가늘고 녹색이 짙을 수록 약성이 높다.

약용방법

● 중불로 진하게 달이거나 가루를 내어 복용한다. 술을 담가 복용해도 좋다.
● 치유되는 대로 중단한다.

장미과 여러해살이풀

Sanguisorba officinalis

① **분포_** 전국 각지
② **생지_** 산이나 들
③ **화기_** 7~9월
④ **수확_** 가을(뿌리), 봄(싹)
⑤ **크기_** 30~150cm
⑥ **이용_** 싹, 땅속줄기
⑦ **치료_** 고혈압, 중풍, 뇌출혈

오이풀

생약명_ 지유

손으로 비비면 향긋한 오이향이 난다. 늦가을에 채취한 뿌리를 각종 심혈관 질환에 쓴다. 타닌과 사포닌이 함유되어 있어서 고혈압, 중풍, 뇌출혈에 탁월한 효능이 있다. 자궁출혈이나 산후출혈에도 잘 듣는다. 민간에서는 설사약으로 달여 먹거나, 편도선염으로 목이 부었을 때 양치질을 하기도 한다.

tip

몹시 짜서 염초라고도 한다. 바다에 사는 선인장이다. 갯벌에서 잘 자라지만 바닷물에 잠기면 죽는다.

명아주과 한해살이풀

Salicornia herbacea

퉁퉁마디

생약명_ 함초, 신초

① **분포_** 남해안, 서해안, 울릉도
② **생지_** 바닷가 갯벌 근처
③ **화기_** 8~9월
④ **수확_** 개화기
⑤ **크기_** 10~30cm
⑥ **이용_** 온포기
⑦ **치료_** 암, 고혈압, 당뇨병 등

바다에 있는 칼슘, 마그네슘, 철분 등 각종 미네랄을 흡수하면서 성장한다. 봄, 여름에는 녹색이었다가 가을에 붉게 변하는 줄기를 약으로 사용한다. 쓰고 기분 나쁜 짠맛이 아닌라 상쾌한 짠맛이 난다. 몸속 독소를 없애 암, 고혈압, 당뇨병, 관절염 등에 두루 쓴다. 또한 증혈작용도 뛰어나 빈혈에도 좋다고 알려져 있다.

약용방법

● 중불로 진하게 달여서 복용한다.
● 해롭지는 않지만 치유되는 대로 중단한다.

명아주과 한해살이풀

Chenopodium album

① **분포_** 전국 각지
② **생지_** 빈터, 들
③ **화기_** 6~7월
④ **수확_** 개화기 전
⑤ **크기_** 1m 정도
⑥ **이용_** 온포기
⑦ **치료_** 신경통, 류머티즘 등

명아주

생약명_ 청려장, 여(藜)

명아주 줄기를 꺾어 지팡이를 만들어 짚고만 다녀도 신경통을 고치고 중풍에 걸리지 않는다고 한다. 생즙은 일사병과 독충에 물렸을 때 요긴하게 쓸 수 있다. 되도록 신선하고 부드러운 생잎을 비벼 그 즙을 바른다. 새순을 나물로 먹으면 별미라고 하지만 체질에 따라 붓거나 가려움증이 일어나기도 한다.

약용방법

● 차게 식힌 차로 수시로 마시거나 보리차처럼 뜨겁게 우려서 이용한다. 술을 담가서도 쓴다.

● 해롭지는 않지만 치유되는 대로 중단한다.

백합과 상록 여러해살이풀

Liriope platyphylla

① **분포_** 중부 이남

② **생지_** 산지의 나무 그늘

③ **화기_** 8~9월

④ **수확_** 봄~가을

⑤ **크기_** 30~50cm

⑥ **이용_** 뿌리

⑦ **치료_** 정력보강, 기침, 허약

맥문동

생약명_ 맥문동

허약한 사람의 맥을 뛰게 해준다고 맥문동이라고 부른다. 정력을 왕성하게 하는 약초 중 하나이며, 기침이나 심신이 쇠약해진 증상에도 사용한다. 천문동과 효능이 비슷해서 함께 약용되는 경우도 있다. 수염뿌리 끝부분을 약용으로 사용하는데, 동그란 모양의 비대한 부분만을 채취한다.

tip

● 뿌리, 잎, 줄기, 꽃 어느 것 하나 버릴 것는 소중한 초본이다.
● 마음을 안정시키고 우울증을 치료하는 약초로 이름이 높다.

백합과 여러해살이풀

Hemerocallis fulva

① **분포_** 전국 각지
② **생지_** 산지의 양지바른 곳
③ **화기_** 7~8월
④ **수확_** 개화기 후가을)
⑤ **크기_** 1m 정도
⑥ **이용_** 꽃봉오리, 뿌리
⑦ **치료_** 치질, 불면증, 방광염

원추리

생약명_ 훤초근

짙은 오렌지색 꽃이 아름다운 약초로써 불면증이 계속될 때 좋은 것으로 알려진 초본이다. 개화 직전의 꽃봉오리는 잘 말려서 혈뇨나 치질 등의 지혈제로 사용하고, 뿌리는 방광염이나 불면증을 다스리는 이뇨제나 소염제로 이용한다. β-시토스테롤 같은 다양한 아미노산을 함유하고 있어서 확실한 수면 개선효과를 볼 수 있다.

tip

● 청보라색 꽃을 기억해 두면 집 주변에서도 쉽게 찾아낼 수 있다.
● 나비 또는 닭벼슬 모습으로 꽃을 피운다고 붙은 이름이다.

닭의장풀과 한해살이풀

Commelina communis

① **분포**_ 전국 각지
② **생지**_ 들, 길가, 냇가의 습지
③ **화기**_ 7~8월
④ **수확**_ 개화기 전
⑤ **크기**_ 12~50cm
⑥ **이용**_ 꽃, 땅속줄기
⑦ **치료**_ 혈압강하, 소화불량 등

닭의장풀

생약명_ 번루, 압척초

꽃은 이슬에 젖어 피고는 바로 시들어 버린다. 꽃에서 인쇄에 필요한 염료를 뽑으며, 개화기에 채취한 전초를 약으로 쓴다. 소변을 나오게 해서 붓기를 없애며, 해독 효능으로 부종이나 각기, 인후염, 간염 등에 이용한다. 전초 5g 정도를 달이거나 생즙을 내서 자주 마시면 좋다. 잎을 으깨어 각종 피부질환에 발라도 효과를 본다.

약용방법

● 중불로 진하게 달이거나 가루를 내어 복용하며 술을 담가서도 쓴다.
● 치유되면 복용을 중단한다.

박과 여러해살이 덩굴풀

Trichosanthes kirilowii

① **분포_** 중부이남, 제주도
② **생지_** 들, 야산
③ **화기_** 7~8월
④ **수확_** 가을~늦가을
⑤ **크기_** 3~5m(길이)
⑥ **이용_** 뿌리, 열매
⑦ **치료_** 기관지염, 당뇨 등

하눌타리

생약명_ 과루, 과루근

하늘수박이라고도 한다. 호박이나 오이 같은 덩굴식물로, 바위나 담장 등을 타고 올라 소박한 꽃을 피운다. 뿌리, 열매, 껍질, 씨까지 하나도 버릴 게 없다. 당뇨를 치료하는 중요한 식물이며, 요즘엔 항암제로 각광받고 있다. 사포닌이 풍부해서 가래를 삭히고 기침을 멎게 하는 등 기관지염에 효과가 있다.

약용방법

● 중불로 진하게 달여서 복용한다.
● 너무 많이 쓰면 오히려 해롭다.

바늘꽃과 두해살이풀

Oenothera odorata

① **분포_** 전국 각지
② **생지_** 빈터, 들, 둑길
③ **화기_** 7월
④ **수확_** 봄~가을
⑤ **크기_** 120cm 정도(길이)
⑥ **이용_** 꽃, 씨, 뿌리
⑦ **치료_** 갱년기 증상, 관절염

달맞이꽃

생약명_ 월하향

저녁에 꽃을 피웠다가 아침해가 뜨자마자 시들어 버리는 습성이 있다. 가을에 채취한 뿌리를 달여서 약용하고 씨앗은 기름으로 이용한다. 전초에 함유된 감마리놀레산 성분이 여성 호르몬의 불균형을 조절해 여성의 갱년기 증상은 물론, 심각한 관절염에도 효능을 보인다. 하루에 4-6g씩 물이 반이 되게 달여 복용하면 된다.

약용방법

● 지나치게 많이 음용하면 설사를 일으키며 특히 임산부는 유산을 할 수 있으니 주의한다.

콩과 한해살이풀

Cassia mimososides

① **분포_** 전국 각지
② **생지_** 산, 들, 냇가
③ **화기_** 7~8월
④ **수확_** 개화기 후
⑤ **크기_** 30~60cm
⑥ **이용_** 온포기
⑦ **치료_** 위암, 간암 등

차풀

생약명_ 산편두

이름대로 차를 끓여먹는 풀이다. 결명자와 비슷한 효능이 있다. 강력한 이뇨작용으로 각기, 신장의 부종을 가라앉힌다. 최근에 잎과 줄기에 항암성분이 있는 것으로 밝혀져 즙을 내어 마시거나 달여 먹으면 위암과 간암을 예방할 수 있다. 전초를 볶아 차처럼 우려 마셔도 된다. 옥수수수염 차보다 몇 배는 효능이 높다.

약용방법

● 중불로 진하게 달여서 복용한다.
● 치유되면 복용을 중단한다.

콩과 낙엽 활엽 반관목

Indigofera pseudo-tinctoria

① **분포_** 남부지방
② **생지_** 바닷가, 길가
③ **화기_** 7~8월
④ **수확_** 개화기
⑤ **크기_** 120cm 정도(길이)
⑥ **이용_** 온포기, 꽃
⑦ **치료_** 천식, 편도선염 임파선염 등

낭아초

생약명_ 마극

풀이 아니라 낙엽관목이다. 잎은 아카시나무처럼 여러 개의 작은 잎들로 이루어져 있는데, 이름과는 달리 끝이 동글동글하다. 뿌리를 포함한 전체를 약용한다. 약간 쓰지만 따뜻하고 독성이 없는 생약이다. 천식, 편도선염, 임파선염 등을 치료하며, 민간에선 타박상에 생 뿌리를 짓찧어서 이용기도 한다.

약용방법

● 중불로 진하게 달이거나 가루를 내어서 복용한다.
● 가급적 많이 복용하지 않도록 한다.

꿀풀과 여러해살이풀

Prunella vulgaris var. lilacina

① **분포_** 전국 각지
② **생지_** 산과 들의 풀밭
③ **화기_** 7~8월
④ **수확_** 개화기
⑤ **크기_** 20~30cm
⑥ **이용_** 온포기, 열매, 씨
⑦ **치료_** 혈압강하, 갑상선암 유방암, 간암 등

꿀풀_하고초

생약명_ 하고초

늦봄까지 핀 꽃이 여름이면 시든다고 '하고초'라고 부른다. 꽃이 갈색으로 시들 무렵인 8월초에 전초를 채취해서 말린 후 약으로 쓴다. 독을 풀고 혈압을 낮추는 효능으로 갑상선암, 유방암, 간암 등에 좋으며 최근 위암과 전립선 암 등에도 널리 쓰인다.

tip

● 정말 암에 효과가 있을까?
물론 암이 낫는다고 말할 수는 없다. 그러나 약용한 사람이 개머루를 먹지 않은 사람보다 암의 진행 속도가 현저히 느리다고 한다.

포도과 낙엽 활엽 만목

Ampelopsis brevipedunculata

① **분포_** 전국 각지
② **생지_** 산과 들, 하천둑
③ **화기_** 6~7월
④ **수확_** 가을
⑤ **크기_** 3m 정도
⑥ **이용_** 열매, 잎, 줄기
⑦ **치료_** 간염, 간경화, 지방간

개머루

생약명_ 사포도

수많은 약초 중 이 정도의 효능을 가진 약초가 또 있을까 싶다. 탁한 피를 맑게 해 간 기능을 회복시켜 주는 약재로, 주로 간 질환에 약용한다. 열매 뿐 아니라, 뿌리를 채취해 그늘에서 말려 두었다가 약으로 사용한다. 간염, 간경화, 지방간 등을 어렵지 않게 고칠 수 있다. 혈압 역시 단번에 떨어진다.

약용방법

- 중불로 진하게 달이거나 가루를 내어서 복용한다.
- 해롭지는 않으나 치유되는 대로 중단한다.

마디풀과 여러해살이풀

Bistorta manshuriensis

① **분포_** 전국 각지
② **생지_** 깊은 산의 풀밭
③ **화기_** 6~7월
④ **수확_** 가을~이듬해 봄
⑤ **크기_** 30~100cm
⑥ **이용_** 뿌리줄기
⑦ **치료_** 지사제, 지혈제

범꼬리

생약명_ 권삼

하늘을 향해 꼿꼿히 세운 꽃모양이 범 꼬리처럼 당당하다. 천 미터가 넘는 고산의 풀밭에서 자라며 봄, 가을에 캔 뿌리를 햇볕에 말려 약으로 쓴다. 해열, 지혈, 항균작용으로 열병에 의한 경련이나 세균성 설사, 기관지염, 간염, 치질 출혈, 성기 출혈 등을 치료한다. 구내염에는 달임액으로 양치질을 하면 잘 낫는다.

약용방법

● 중불로 진하게 달이거나 가루를 내어서 복용한다. 술을 담가서도 쓴다.
● 많이 먹어도 해롭지 않다.

질경이과 여러해살이풀

Plantago asiatica

① **분포_** 전국 각지
② **생지_** 들, 빈터, 길가
③ **화기_** 6~8월
④ **수확_** 6~9월
⑤ **크기_** 10~50cm
⑥ **이용_** 온포기·씨
⑦ **치료_** 기침, 천식, 이뇨, 설사 다이어트, 혈당조절 등

질경이

생약명_ 차전자

잡초 같아 보이지만 일본이나 중국에서도 기침, 이뇨, 설사 등에 사용하는 생약이다. 씨앗에 들어 있는 식이섬유가 혈당수치를 조절해 체지방이 축적되지 않고 인슐린이 분비되도록 돕는다. 이 씨앗은 몸 안에서 수 십배로 팽창하는 특징이 있어서 공복감을 억제하거나 해소하는 데도 그만이다. 전초와 씨앗의 약효는 동일하다.

짚신나물

생약명_ 용아초, 선학초

장미과 여러해살장미

Agrimonia pilosa

① **분포_** 전국 각지
② **생지_** 산과 들의 양지바른 곳
③ **화기_** 6~8월
④ **수확_** 개화기 전
⑤ **크기_** 30~100cm
⑥ **이용_** 온포기, 뿌리
⑦ **치료_** 자궁출혈, 혈변 등

산과 들에서 흔히 볼 수 있는 풀로, 용아초 또는 선학초라 부르며 약용한다. 전초에 혈액응고 촉진과 지혈효과가 있어서 잇몸출혈이나 혈변, 자궁출혈 등에 지혈제로 사용한다. 전초 10g을 뭉근하게 졸인 후 하루 3회 따뜻하게 마시는 것이 가장 좋은 약용법이다. 항암 실험 결과, 악성종양 억제율이 50%가 나온 귀중한 약초다.

tip

● 중국에서 공식적으로 암 억제 효과가 인정되었다.

약용방법

● 진하게 달이거나 생즙을 내어 복용하며, 술을 담가서도 쓴다. 외상에는 짓이겨 붙인다.
● 치유되는 대로 중단한다.

자금우과 상록 활엽 소관목

Ardisia japonica

① **분포_** 남부 지방
② **생지_** 산지의 숲 밑
③ **화기_** 6월
④ **수확_** 연중
⑤ **크기_** 15~20cm
⑥ **이용_** 잎, 줄기
⑦ **치료_** 고혈압, 근골동통 근골무력증, 기관지염

자금우_천량금

생약명_ 자금우

의외로 키가 작아 다 커 봐야 20cm를 넘지 않는다. 햇볕을 받으면 나무 전체가 반짝반짝 광택이 나며, 한 겨울에도 빨갛게 매달려 있는 열매는 달콤한 맛이 있어 샐러드에 넣어 먹곤 한다. 줄기와 잎을 자금우라고 해서 고혈압, 근골동통, 근골무력증, 기관지염, 담 등을 고치는 약재로 사용한다.

붉나무

생약명_ 염부자

짠맛이 나는 열매를 따서 소금 대신 사용했다고 '소금나무'라는 별칭이 있다. 옻나무과에 속하지만 독성이 없기 때문에 잎을 뜯어 팔과 얼굴에 비벼도 옻이 오르지 않는다. 진딧물이 기생해서 생긴 불규칙한 모양의 혹을 오배자라고 부르며 약으로 쓰는데, 타닌을 많이 함유하고 있어서 이질이나 장염, 만성 설사의 치료약으로 쓴다.

약용방법

- 진하게 달이거나 가루를 내어 복용한다.
- 치유되는 대로 중단한다.

Rhus chinensis

① **분포_** 전국 각지
② **생지_** 산지의 들
③ **화기_** 8~9월
④ **수확_** 10월(열매 성숙기)
⑤ **크기_** 2~3m 정도
⑥ **이용_** 씨, 잎, 나무껍질
⑦ **치료_** 이질, 장염, 만성 설사

tip

● 산딸기 모양의 열매는 9월부터 연분홍색으로 익으며, 뽕나무 열매인 오디와 맛이 비슷하다.

층층나무과 낙엽 활엽 소교목

Cornus kousa F.Buerger

① **분포**_ 전국 각지
② **생지**_ 산지
③ **화기**_ 6월
④ **수확**_ 10월(열매 성숙 시)
⑤ **크기**_ 약 5~15m
⑥ **이용**_ 잎, 열매
⑦ **치료**_ 자양강장, 피로회복 등

산딸나무

생약명_ 야여지

꽃은 냄새가 없으며, 가을이면 딸기 같은 열매가 붉게 익는다. 층층나무와 비슷하지만 꽃 피는 시기가 층층나무보다 2주 정도 늦다. 수렴성 지혈작용이 있어 설사, 소화불량, 골절상 등에 약용한다. 열매는 그대로 먹거나 잼이나 과실주를 만들기도 한다. 비타민과 카로틴, 안토시아닌 등이 풍부해 자양강장과 피로회복에 좋다.

약용방법

● 진하게 달이거나 가루를 내어 복용한다.
● 독성은 없지만 치유되는 대로 중단한다.

매자나무과 상록 관목

Nandina domestica

남천

생약명_ 남천실

① **분포_** 중남부 지방
② **생지_** 따뜻한 곳의 삼림
③ **화기_** 6~7월
④ **수확_** 열매 성숙 시
⑤ **크기_** 3m 정도
⑥ **이용_** 온포기, 열매
⑦ **치료_** 위장병, 눈병 등

상록성 관목으로 밑에서 여러 대가 자라지만 가지를 치지 않는다. 10월에 붉은색으로 익는 열매에 기침을 멎게 하는 효과가 있으며, 나무껍질과 뿌리껍질은 위장이나 눈에 생기는 병에 쓰인다. 잎이 미려하고 꽃과 열매와 단풍도 일품이므로 관상용으로 많이 심는다. 노란열매가 열리는 남천도 있다.

약용방법

- 날것 또는 가루를 내어 복용한다.
- 오래 복용할 수록 이롭다.

마름과 한해살이풀

Trapa japonica

① **분포_** 전국 각지
② **생지_** 저수지, 늪, 연못
③ **화기_** 7~8월
④ **수확_** 9~10월(열매 성숙 시)
⑤ **크기_** 수생식물
⑥ **이용_** 열매
⑦ **치료_** 위암, 자궁암 등

마름

생약명_ 능실

뭐니뭐니 해도 마름은 유기 게르마늄을 지닌 식물이다. 유기 게르마늄이란 체내의 면역력을 높여 암과 싸우는 인터페론의 생성을 촉진하는 성분이다. '가정 간호의 비결'이란 일본 의학서적을 보면, 마름 열매 서른 개를 오래 달여서 하루 3번 복용하면 위암이나 자궁암 환자도 희망을 가질 수 있다고 적혀 있다.

약용방법

- 날것 또는 가루를 내어 복용한다.
- 오래 써도 무방하다.

수련과 한해살이 수생풀

Euryale ferox

① **분포_** 전라도, 경상도 지역
② **생지_** 늪, 연못
③ **화기_** 7~8월
④ **수확_** 11월
⑤ **크기_** 20~200cm
⑥ **이용_** 씨, 뿌리, 꽃, 열매
⑦ **치료_** 설사, 근육통, 자양강장

가시연꽃

생약명_ 감실

자주색 꽃자루에 날카로운 가시가 있어서 찔리면 매우 아프다. 개연이라고도 부르며 한방에서 씨, 뿌리, 잎 모두 약으로 쓴다. 진통, 지사 작용이 있어 설사를 멈추고 허리와 무릎의 통증을 완화시킨다. 또, 요실금에도 사용하는데, 1개월 이상 복용하면 눈에 띄는 효과가 나타난다고 한다. 단, 변비가 심한 사람에게는 적합치 않다.

약용방법

● 진하게 달이거나 가루를 내어 복용한다.
● 가급적이면 많이 쓰지 않는 것이 좋다.

천남성과 여러해살이풀

Pinellia ternata

① **분포_** 전국 각지
② **생지_** 밭, 습지
③ **화기_** 7~8월
④ **수확_** 7~9월
⑤ **크기_** 20~40cm
⑥ **이용_** 알줄기
⑦ **치료_** 각종 담, 어깨결림 등

반하_끼무릇

생약명_ 반하

꿩(장끼)이 좋아해 끼무릇으로도 부르는 반하는 이름처럼 여름의 절반, 즉 한 여름에 채취하여 약용한다. 여러 한의학 고서에서도 특별히 강조할 만큼 매운 성질이 몸속의 찌꺼기들을 제거해 담을 없애며, 구토 증세에 탁월한 효과가 있다. 하지만 구토할 정도로 독성이 있기에 생강즙이나 백반 등을 함께 사용한다.

약용방법

- 진하게 달이거나 가루를 내어 복용한다. 독성이 있으니 꼭 기준량을 지킨다.
- 치유되는 대로 중단한다.

방기과 낙엽 활엽 덩굴풀

Cocculus trilobus

① **분포_** 전국 각지
② **생지_** 산기슭 양지, 숲, 밭둑
③ **화기_** 7~8월
④ **수확_** 가을~다음해 봄
⑤ **크기_** 3m 정도
⑥ **이용_** 뿌리, 덩굴
⑦ **치료_** 신경통, 방광염, 감기

댕댕이덩굴

생약명_ 목방기

산머루 같은 열매를 한 알 따 먹어보면 꽤 달콤한 맛이 난다. 예전부터 줄기로 바구니를 만들어 이용해 온 식물이다. 유독성 식물이기는 하지만 어린잎은 식용으로, 줄기와 뿌리를 잘 말려서 목방기(木防己)라 부르며 약으로 쓴다. 신경통, 방광염, 감기, 오줌이 잘 나오지 않는 증세에 자주 사용한다.

약용방법

- 중불로 진하게 달여서 복용한다.
- 치유되면 바로중단한다.

벌노랑이

생약명_ 금화채

콩과 여러해살이풀

Lotus corniculatus

① **분포_** 전국 각지
② **생지_** 산과 들의 양지, 길가
③ **화기_** 6~8월
④ **수확_** 개화기 전
⑤ **크기_** 20~30cm
⑥ **이용_** 온포기, 뿌리
⑦ **치료_** 감기, 인후염, 혈변 등

전국의 냇가 근처의 모래땅이나 양지바른 산과 들에서 자라는 성가신 잡초다. 이른 봄 또는 가을 무렵, 밭을 일굴 때 한 무더기 끓여 소 먹이로 쓰기도 하고, 따로 채취한 뿌리를 햇볕에 말려 약으로 쓴다. 해열과 지혈작용이 있어 주로 감기나 인후염 같은 소화기 계통 질병에 해열제로 사용하며, 혈변, 이질 등에도 이용한다.

약용방법

● 진하게 달이거나 생즙 그대로 복용한다. 외상에는 짓이겨 붙인다. ● 해롭지는 않지만 치유되는 대로 중단한다.

방기과 낙엽 활엽 덩굴풀

Lobelia chinensis

① **분포_** 전국 각지
② **생지_** 논두렁, 밭둑, 습지
③ **화기_** 5~8월
④ **수확_** 여름(개화기)
⑤ **크기_** 3~15cm
⑥ **이용_** 온포기
⑦ **치료_** 각종 독성 제거(뱀독) 암 치료보조제 등

수염가래꽃

생약명_ 반변련

여름부터 피는 꽃이 할아버지의 수염처럼 생겼다고 수염가래꽃이라고 하며, 꽃의 반쪽이 연꽃 모양이라서 반변련이라고도 한다. 각종 임상과 약리실험에서 항염, 항암작용이 있음이 밝혀져 위암, 직장암, 간암 등을 처방할 때 필수로 들어가는 식물이다. 독을 해독하는 힘이 강력해서 몸속 독소를 소변과 설사를 통해 배설한다.

약용방법

- 진하게 달이거나 가루를 내어 복용한다. 꽃가루는 피를 멈출 때 지혈제로 쓴다.
- 치유되는 대로 중단한다.

부들과 여러해살이풀

Typha orientalis

① **분포_** 중남부 지방

② **생지_** 늪, 연못가, 개울가

③ **화기_** 5~8월

④ **수확_** 개화기

⑤ **크기_** 1~1.5m

⑥ **이용_** 온포기, 꽃가루

⑦ **치료_** 출혈, 화상, 각혈 등

부들

생약명_ 포황

꽃가루받이가 일어날 때 부들부들 떨기에 붙은 이름으로, 물을 정화시키는 정수식물이다. 약으로 쓸 때는 전초를 건조하거나 쪄서 사용한다. 지혈, 이뇨 그리고 화상에 효과가 좋다. 각혈, 토혈, 코피, 외상출혈 등에 말린 전초 5~10g을 물 에 넣고 중불에서 반으로 줄 때까지 달여 하루 2~3회로 나누어 마신다.

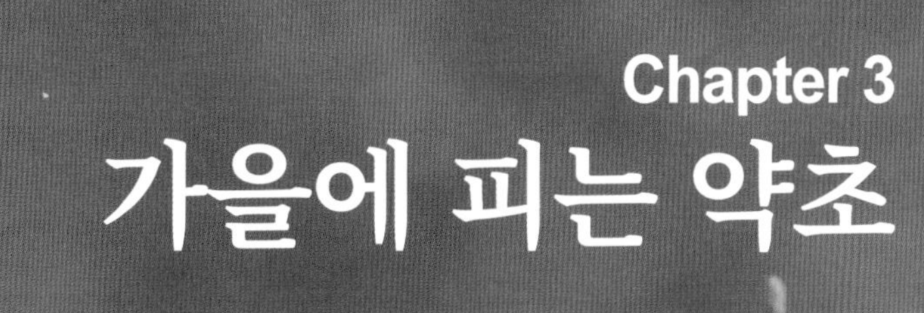

Chapter 3
가을에 피는 약초

tip

● 오래된 뿌리를 창출, 어린 뿌리를 백출이라 부르며 약으로 쓴다.

국화과 여러해살이풀

Atractylodes japonica

① **분포_** 전국 각지
② **생지_** 산지의 풀밭
③ **화기_** 8~10월
④ **수확_** 연중
⑤ **크기_** 30~100cm
⑥ **이용_** 뿌리줄기
⑦ **치료_** 소화기 질환, 치매 등

삽주

생약명_ 백출, 창출

오래전부터 피를 맑게 하는 약초로 활용해 온 식물이다. 잎뿌리에서 특이한 냄새가 나며 맛은 약간 달고 약간 쓰다. 체내의 수분을 조절하는 기능이 있어 건위, 이뇨 등의 목적으로 약용한다. 오메가3가 매우 풍부해서 아이들의 주의력을 높여주고 치매 예방에도 효과적이다. 단단하고 향기가 강한 뿌리가 우량품이다.

약용방법

● 중불로 오래 달여서 복용한다.
● 오래 쓰거나 양을 늘려도 무방하다.

백합과 여러해살이풀

Scilla scilloides

① **분포_** 전국 각지
② **생지_** 산이나 들의 습지
③ **화기_** 8~9월
④ **수확_** 봄, 가을 두차례
⑤ **크기_** 30~50cm
⑥ **이용_** 비늘줄기(알뿌리)
⑦ **치료_** 피부병, 신경통, 치통

무릇

생약명_ 면조아

곁에만 가도 상한 파 냄새 비슷한 고약한 냄새가 난다. 냄새의 진원지는 땅속 둥그런 비늘줄기. 오래 전부터 피부병, 신경통, 화상 등에 이 비늘줄기를 갈아 찜질약으로 사용해 왔던 식물이다. 혈액순환을 왕성하게 하고 붓기를 가시게 하는 효능이 대단하다. 전초 달임물로 양치를 하면 치통의 통증도 금세 그친다.

한국의 산약초

약용방법

- 중불로 오래 달이거나 가루를 내어 복용한다. 외상에는 달인 물로 씻거나 짓이겨 붙인다.
- 치유되는 대로 중단한다.

꿀풀과 여러해살이풀

Elsholtzia splendens

① **분포_** 경기 이남, 제주
② **생지_** 산과 들의 반음지
③ **화기_** 9~10월
④ **수확_** 개화기
⑤ **크기_** 30~60cm
⑥ **이용_** 온포기
⑦ **치료_** 감기몸살, 열사병 치통, 진통 등

꽃향유

생약명_ 향유

향기가 좋아 곤충들이 즐겨 찾는 대표적인 밀원식물이다. 더운 여름철을 잘 보낸 후 걸리는 감기나 두통에 잘 들어서 여름의 요약으로 불린다. 꽃이 달린 원줄기와 잎을 말려서 차처럼 마시면 열병을 없애고 피로회복에 효과적이다. 환절기 감기에 좋은 야초는 꽃향유 외에 쑥부쟁이가 있다. 치통과 진통에 사용하기도 한다.

tip

● 헛구역질이 나거나 비위가 약해 메스꺼움을 자주 느낄 때 어린 잎을 따서 먹으면 증세가 없어진다.

꿀풀과 여러해살이풀

Agastache rugosa

① **분포_** 전국 각지
② **생지_** 양지쪽 자갈밭, 길가
③ **화기_** 8~9월
④ **수확_** 개화기 전
⑤ **크기_** 40~100cm
⑥ **이용_** 온포기
⑦ **치료_** 피부병, 신경통, 치통

배초향

생약명_ 배초향

산비탈의 양지 또는 인가 주변의 길가에서 자란다. 향기가 아주 진해서 꽃을 꺾어 방향제로 쓰며, 어린순은 나물로 먹는다. 소화를 잘 되게 하고 기분을 상쾌하게 해 악취를 제거하는 효능이 탁월하다. 잎을 말린 것을 두통, 구토, 해열제 로도 쓴다. 그 밖에 기침, 학질, 이질이나 입 냄새 제거에도 도움이 된다.

약용방법

● 중불로 오래 달이거나 가루를 내어 복용한다. 단, 몸에 열이 있거나 많은 사람은 복용을 금한다.
● 치유되는 대로 중단한다.

금불초_하국

생약명_선복화

국화과 여러해살이풀

Inula britannica

① **분포_** 전국 각지
② **생지_** 들과 밭의 습지
③ **화기_**7~9월
④ **수확_** 7~9월(개화기)
⑤ **크기_** 10~60cm
⑥ **이용_** 꽃, 뿌리
⑦ **치료_** 소화기, 호흡기 질환 근육통

꽃을 씹으면 씁쓸하고 짠맛이 난다. 꽃이 한창 필 무렵 봉오리 째 채취해 건조시키거나 볶아서 약으로 쓴다. 하루 용량은 하루에 10g 정도가 적당하다. 가래를 삭이고 구역질을 억제하는 것은 물론, 천식과 호흡 곤란을 없애는 작용이 뛰어나서 위암 치료의 보조제로도 쓰인다. 잘 말린 뿌리는 근육통 등의 치료에 사용한다.

tip

▶ 물에 떠서 크는 부레옥잠과 달리 뿌리는 땅에 박고 식물체의 일부가 물에 잠긴다.

물옥잠과 한해살이풀

Monochoria korsakowi

① **분포_** 전국 각지
② **생지_** 늪, 못, 물가
③ **화기_** 8~9월
④ **수확_** 가을
⑤ **크기_** 20~30cm
⑥ **이용_** 꽃, 땅속줄기
⑦ **치료_** 해수, 천식 등

물옥잠

생약명_ 우구

줄기에 구멍이 많아 물 위로 올라오는 기능을 담당한다. '옥잠'이 붙은 식물이 대부분 그렇듯이 물옥잠도 수질정화 능력이 뛰어나다. 한방에서는 뿌리를 제외한 식물체 전체를 약재로 쓰는데, 고열과 함께 오는 해수와 천식에 효과가 있다. 중국에서는 설사, 편도선, 잇몸의 통증에 약용하며, 위궤양을 고치는 약으로도 사용한다.

약용방법

● 중불로 오래 달이거나 가루를 내어 복용한다. 외상에는 생잎을 짓이겨 붙인다. ● 독성이 있으므로 복용할 때 주의를 요한다.

대극과 한해살이풀

Euphorbia humifusa

① **분포_** 남부·중부 지방
② **생지_** 산지, 밭, 들, 길가
③ **화기_** 8~9월
④ **수확_** 여름~가을
⑤ **크기_** 10~20cm
⑥ **이용_** 온포기
⑦ **치료_** 주로 난치병을 치료. 위암, 골수암, 뇌종양

땅빈대

생약명_지면

쇠비름 같아 보이지만 쇠비름보다 훨씬 작다. 풀밭에서 보면 너무 작아서 눈에 잘 띄지 않는다. 줄기나 잎에 상처를 내면 흰 즙이 나오는데, 이 즙에 인삼, 민들레에 있는 플라보노이드와 사포닌 성분이 담뿍 담겨서 암세포만을 골라 죽이고 암으로 인한 통증 및 증상을 없앤다. 특히 뇌종양, 골수암, 위암 등에 효과가 크다.

약용방법

● 중불로 오래 달이거나 가루를 내어 복용한다. 외상에는 생잎을 짓이겨 붙인다.
● 치유되면 복용을 중단한다.

마디풀과 한해살이 덩굴풀

Persicaria senticosa

① **분포_** 전국 각지
② **생지_** 들이나 길가
③ **화기_** 8~9월
④ **수확_** 봄~여름
⑤ **크기_** 1~2m
⑥ **이용_** 온포기
⑦ **치료_** 피부질환, 치질 등

며느리밑씻개

생약명_ 자료

별사탕처럼 귀여운 꽃은 가면이다. 줄기와 잎에 따가운 가시가 돋아 있다. 바로 그 가시로 엉덩이를 씻겼으니 며느리가 얼마나 아팠을까. 봄부터 여름에 걸쳐 채취한 전초를 약용하는데, 혈액순환을 촉진하는 효능으로 옴, 버짐, 습진 등에 유용하게 쓰인다. 치질에도 쓰인다. 민간에서는 뿌리를 술에 담가 신경통 치료제로 쓴다.

tip

● 매우 귀하게 쓰이는 약초이지만 흔해서인지 그 중요성을 쉬 잊는다.

벼과 여러해살이풀

Phragmites communis

① **분포_** 전국 각지
② **생지_** 물가, 습지
③ **화기_** 8~9월
④ **수확_** 봄~겨울
⑤ **크기_** 2~3m
⑥ **이용_** 뿌리, 줄기
⑦ **치료_** 면역력 강화 등

갈대

생약명_ 노근

땅속 어린 줄기는 죽순처럼 식용할 수 있다. 연하고 맛이 달다. 날 것으로 먹기도 한다. 생선이나 고기를 먹고 체했을 때 효과가 탁월해서 예부터 뿌리를 약으로 귀중하게 썼다. 요즘 화두가 되는 방사능에 오염되었을 때는 뿌리를 달여 마시면 백혈구가 늘어나고 면역력이 강화된다고 한다.

약용방법

● 중불로 오래 달이거나 가루를 내어 복용한다. 외상에는 생잎을 짓이겨 붙인다.
● 치유되면 복용을 중단한다.

벼과 여러해살이풀

Miscanthus sinensis

① **분포_** 전국 각지
② **생지_** 산과 들
③ **화기_** 9월
④ **수확_** 가을~이듬해 봄
⑤ **크기_** 1~2m
⑥ **이용_** 땅속줄기
⑦ **치료_** 부인과, 호흡기 질환

억새

생약명_ 망근, 망경초

억새와 갈대는 서식지가 다르다. 갈대는 습지나 연못 또는 개울가에서 자생하고, 억새는 들판이나 산에서 자생한다. 한방에서는 망근이라 하여 약용하는데, 약효는 뿌리에 있다. 9월부터 이듬해 3월까지 뿌리를 캐어 날 것으로 쓰거나 햇볕에 건조하여 쓴다. 주로 부인병과 호흡기 질환 등을 다스리는 데 효능이 있다.

약용방법

- 중불로 오래 달여서복용한다.
- 치유되면 복용을 중단한다.

벼과 여러해살이풀

Pennisetum alopecuroides

① **분포_** 전국 각지
② **생지_** 산과 들
③ **화기_** 8~9월
④ **수확_** 여름~가을
⑤ **크기_** 30~80cm
⑥ **이용_** 온포기
⑦ **치료_** 부인과, 호흡기 질환

수크령

생약명_ 낭미초

강아지풀과 흡사하나 다른 식물이다. 개가 아니라 이리의 꼬리를 닮았다. 한자로도 그렇게 쓴다. 잎줄기는 질기고 억세서 공예품을 만드는데 쓰며, 전초를 가을에 채취하여 약으로 쓴다. 눈을 밝게 하고 핏속의 어혈을 푸는 효능이 있다. 혈액순환을 왕성하게 하므로 출혈이 심한 생리나 낙태의 우려가 있을 때는 복용을 금한다.

약용방법

● 중불로 오래 달이거나 술을 담가서도 쓴다.
● 치유되면 복용을 중단한다.

용담

생약명_ 용담

산과 들에서 종 모양으로 꽃이 핀다. 쓴맛이 나는 뿌리는 한약제 등으로 쓰는데, 너무나 써서 '용의 쓸개'라는 별명이 붙었다. 하루 1-2g 정도 물이 반이 되도록 달여 복용하면 소화불량, 열을 동반한 위의 통증과 설사에 좋으며, 해열에도 도움이 된다. 혈압을 낮추고 간의 열을 내려주는 작용 또한 탁월하다.

용담과 여러해살이풀

Gentiana scabra

① **분포_** 전국 각지
② **생지_** 산지의 풀밭
③ **화기_** 8~10월
④ **수확_** 가을~초겨울
⑤ **크기_** 20~60cm
⑥ **이용_** 뿌리줄기
⑦ **치료_** 소화기 질환, 해열 혈압조절, 설사 등

약용방법

● 중불로 오래 달이거나 술을 담가 복용한다.
● 많이 먹을수록 몸에 이롭다.

초롱꽃과 여러해살이풀

Adenophora triphylla

① **분포_** 전국 각지
② **생지_** 산과 들의 그늘진 곳
③ **화기_** 7~9월
④ **수확_** 가을 이듬해 봄
⑤ **크기_** 40 120cm
⑥ **이용_** 뿌리
⑦ **치료_** 당뇨, 각종 암 등

잔대

생약명_ 사삼

백가지 독을 푼다고 널리 이용해 온 민간 보약이다. 뿌리를 사삼이라 부르며 약재로 사용하는데, 사포닌이 풍부해 당뇨는 물론, 항암효과가 매우 탁월하다. 자궁암 억제효과 측정에서 70%, 간암이나 유방암 실험에서는 66~80%의 억제율을 보였다. 잘 말린 뿌리 12g을 달인 다음 매일 식후에 마시면 효과를 볼 수 있다.

약용방법

- 중불로 오래 달이거나 술을 담가 복용한다.
- 많이 먹을수록 몸에 이롭다.

초롱꽃과 여러해살이 덩굴풀

Codonopsis lanceolata

① **분포_** 전국 각지
② **생지_** 깊은 산의 숲속
③ **화기_** 8~9월
④ **수확_** 가을~봄
⑤ **크기_** 2m 이상
⑥ **이용_** 뿌리
⑦ **치료_** 각종 난치병 등

더덕

생약명_ 양유

예부터 오삼(五蔘) 중 하나로 여겨질 만큼 한방 효과가 뛰어나다. 동의보감에 "더덕은 성질이 차고, 맛이 쓰고 독이 없으며, 비위를 보하고 폐기를 보충해준다"라고 기록하고 있다. 도라지처럼 굵고 독특한 냄새가 나는 뿌리를 자르면 하얀 유즙이 나오는데, 사포닌 성분이 가득한 이 유즙이 각종 난치병을 예방한다.

약용방법

● 중불로 달이거나 생즙으로 복용한다. 외상에는 불에 태운 찌꺼기를 뿌리거나 짓이겨 붙인다.
● 치유되는 대로 중단한다.

돌나물과 여러해살이풀

Orostachys japonicus

① **분포_** 전국 각지
② **생지_** 산 속의 바위 위
③ **화기_** 9월
④ **수확_** 여름~가을
⑤ **크기_** 10~30cm
⑥ **이용_** 온포기(뿌리 제외)
⑦ **치료_** 소화기 질환, 위암 등

바위솔

생약명_ 와송

깊은 산의 바위나 오래된 산사의 기와지붕에서 자란다. 여름에 채취하여 말려서 약용하는데, 그중에서도 9월 초에 캔 것이 가장 약효가 좋다. 항암작용이 매우 뛰어나 위암을 비롯한 소화기 계통의 암에 좋은 효과가 있으며, 실험 결과 65%의 항암억제력이 확인된 신비의 약초다. 주로 녹즙을 만들어 복용한다.

tip

● 껍질에 좋은 성분이 많으니 껍질 째 먹는 것이 좋다.

국화과 여러해살이풀

Helianthus tuberosus

돼지감자_뚱딴지

생약명_ 국우

① **분포_** 전국 각지
② **생지_** 저지대의 풀밭
③ **화기_** 8~10월
④ **수확_** 연중
⑤ **크기_** 1~3m
⑥ **이용_** 덩이줄기
⑦ **치료_** 소화기 질환, 냉병 등

덩이줄기가 못생긴데다 울퉁불퉁해 뚱딴지라고 부른다. '천연 인슐린'으로써, 당뇨병에 꾸준히 사용해 왔으며 항산화에 좋은 폴리페놀이 풍부하게 함유되어 암을 예방하는데 큰 도움이 되는 식물이다. 말릴 경우 당을 치료하는 이눌린 성분이 4.6배 증가한다고 하며, 잎과 줄기는 타박상과 골절상 등에 쓰인다.

▲ 비늘줄기에서 풍기는 냄새와는 정반대로 아주 작고 귀여운 분홍색 꽃이 핀다.▶ 아침에 피는 나팔꽃과 달리 메꽃은 한낮에 꽃을 피운다.

국화과 여러해살이풀

Atractylodes japonica

① **분포_** 전국 각지
② **생지_** 산지의 풀밭
③ **화기_** 8~10월
④ **수확_** 연중
⑤ **크기_** 30~100cm
⑥ **이용_** 뿌리줄기
⑦ **치료_** 소화기 질환, 냉병 등

쇠무릎

생약명_ 백출, 창출

줄기의 마디가 소의 무릎과 닮았다고 붙은 이름이다. 인삼 비슷한 냄새가 나는 뿌리를 간과 신장을 다스리는 약으로 이용하며, 피를 잘 돌게 하는 효능이 있어서 평소 무릎이나 허리가 좋지 않은 사람들에게 좋다. 최근에는 생쥐를 이용한 세포 실험에서 항암효과와 면역체계를 강화하는 효과가 있는 것으로 밝혀졌다.

약용방법

- 중불로 달여서 복용한다.
- 1~2개월 정도는 무방하나 장복하면 양기가 준다고 한다.

국화과 여러해살이풀

Artemisia capillaris

① **분포_** 전국 각지
② **생지_** 냇가 모래땅
③ **화기_** 8~10월
④ **수확_** 5~6월
⑤ **크기_** 30~100cm
⑥ **이용_** 온포기
⑦ **치료_** 황달, 간염, 신장염 등

사철쑥

생약명_ 인진호

겨울에도 죽지 않고 다시 싹을 돋는다고 '사철쑥'이라고 부른다. 쑥의 한 종류로서 주로 황달 및 간염, 신장염 등에 약용한다. 5~6월에는 솜털이 난 새잎을, 8~9월에는 꽃이삭을 채취하여 그늘에서 말린다. 입추 2주 전부터 입추에 걸친 시기가 유효한 성분이 가장 많이 함유되어 있는 시기이며, 잎보다 꽃 쪽이 약효가 높다.

약용방법

● 중불로 달이거나 생즙을 내서 복용한다. 외상에는 짓찧어 붙인다.
● 치유되는 대로 중단한다.

마디풀과 한해살이풀

Persicaria longiseta

① **분포_** 전국 각지
② **생지_** 들이나 길가
③ **화기_** 7~9월
④ **수확_** 5~6월
⑤ **크기_** 50cm 정도
⑥ **이용_** 온포기
⑦ **치료_** 자궁출혈, 월경과다 등

개여뀌

생약명_ 마료

입안이 얼얼하고 눈물이 날 정도로 맵고 쓴맛이 나는 풀 전체를 약용한다. 햇볕에 말린 다음 달여 따뜻하게 해서 마시면 자궁출혈이나 월경과다, 치질로 인한 출혈 등에 효과가 있다. 종기 등에는 달인 액체를 천에 스며들게 하여 환부에 붙인다. 잎과 줄기를 짓찧어 물고기를 잡는데 사용하기도 하며 식중독에도 사용한다.

약용방법

- 중불로 달여서 복용한다.
- 치유되는 대로 중단한다.

봉선화과 한해살이풀

Impatiens textori

① **분포_** 전국 각지
② **생지_** 산과 들의 습지
③ **화기_** 8~10월
④ **수확_** 5~6월
⑤ **크기_** 30~100cm
⑥ **이용_** 잎줄기, 꽃, 열매
⑦ **치료_** 강장효과, 종독, 중독

물봉선

생약명_ 야봉선

봉선화와 같은 종류이며 꽃 모양이 참 재미있는 풀이다. 잘 보면 꽃 뒤에 있는 꽃받침이 돌돌 말려 있다. 여름부터 가을사이 채취하여 햇볕에 말린 전초 및 뿌리를 약으로 쓴다. 1회에 2-3g씩 달여 복용하면 강장효과와 멍든 피를 풀게 한다. 또 말린 잎과 줄기를 진하게 달여 종기나 독충에 물린 환부를 닦아내거나 환부에 붙인다.

약용방법

- 중불로 달여서 복용한다.
- 해롭지는 않지만 치유되는 대로 중단한다.

마타리과 여러해살이풀

Patrinia villosa

① **분포_** 전국 각지
② **생지_** 산과 들의 풀밭
③ **화기_** 7~9월
④ **수확_** 여름~가을
⑤ **크기_** 80~100cm
⑥ **이용_** 온포기, 뿌리
⑦ **치료_** 종독, 종양, 부종 등

뚝갈

생약명_ 패장

식물 전체에서 간장, 혹은 된장 썩는 냄새가 난다. 이 독특한 냄새는 마타리과 식물의 공통점이다. 어린순은 나물로 먹고 전초, 뿌리 줄기를 햇볕에 말려 약재로 쓴다. 항균, 진정작용 등으로 종기의 해독은 물론, 종양, 부종, 대하 등에 두루두루 사용할 수 있다. 뿌리줄기 5~10g 정도를 넣고 푹 달여 하루 세 번 나누어 마시면 좋다.

약용방법

- 중불로 달여서 복용한다.
- 1~2개월 정도는 무방하나 장복하면 양기가 준다고 한다.

산토끼꽃과 두해살이풀

Scabiosa tschiliensis

① **분포_** 전국 각지
② **생지_** 깊은 산의 숲속
③ **화기_** 8~10월
④ **수확_** 5~6월
⑤ **크기_** 50~90cm
⑥ **이용_** 온포기
⑦ **치료_** 황달, 두통, 위궤양 등

솔체꽃

생약명_ 산라복

서양에서는 옴 같은 피부병을 치료하는 데 썼던 식물로, 중북부 지방의 깊은 산에서 자란다. 전초나 뿌리를 약으로 쓰는 다른 약초와는 달리 꽃만 생약으로 사용하는데, 열을 내리고 피를 맑게 하는 효능을 갖고 있다. 주로 열에 의해 발생하는 객혈이나 황달 증세를 치료하며, 위장병, 설사, 두통에도 사용한다.

약용방법

● 중불로 달이거나 술을 담가서 복용한다.
● 너무 많이 쓰면 몸에 해로울 수 있다.

국화과 한해살이풀

Xanthium strumarium

① **분포_** 전국 각지
② **생지_** 들, 길가
③ **화기_** 8~9월
④ **수확_** 5~6월
⑤ **크기_** 100~150cm
⑥ **이용_** 온포기, 씨앗
⑦ **치료_** 노화방지, 비염 축농증 등

도꼬마리

생약명_ 창이자

열매에 가시가 있어서 다른 물체에 잘 달라붙는 특징이 있다. 전초 모두가 약재인 식물로, 풍부하게 함유된 요오드 성분이 피부 및 신체의 노화 방지에 힘을 돕는다. 독성이 있으므로 약으로 쓸 때는 반드시 열을 가해 독성을 없애야 한다. 민간에서는 가려움증, 비염, 축농증 등에 약으로도 쓴다.

약용방법

● 중불로 달여서 복용한다. 외상에는 짓이겨 붙인다.
● 치유되는 대로 중단한다.

열당과 한해살이 기생풀

Aeginetia indica

① **분포_** 제주도(한라산 지역)
② **생지_** 억새, 양하 등의 뿌리
③ **화기_** 10~11월
④ **수확_** 9~10월
⑤ **크기_** 10~20cm
⑥ **이용_** 온포기
⑦ **치료_** 요로감염, 종기, 골수염

야고

생약명_ 야고

엽록소 없이 억새 또는 생강, 사탕무 등의 뿌리에 붙어사는 기생풀이다. 우리나라에는 오직 제주도에서만 볼 수 있다. 전초를 생으로 혹은 말려서 약으로 쓰는데, 청혈, 해독효능이 있어서 요로감염, 골수염 등의 증상을 고친다. 벌레나 뱀에 물렸을 때 즙을 내어 붙이면 효과가 있다. 그러나 해로운 독이 있으니 유의해야 한다.

약용방법

- 중불로 달여서 복용한다.
- 치유되는 대로 중단한다.

노루발과 여러해살이 기생풀

Monotropastrum globosum

① **분포_** 제주도(한라산 지역)
② **생지_** 억새, 양하 등의 뿌리
③ **화기_** 7~10월
④ **수확_** 9~10월
⑤ **크기_** 10~20cm
⑥ **이용_** 온포기
⑦ **치료_** 진정약, 기침, 경련 등

수정난풀

생약명_ 몽란화

봄부터 가을에 걸쳐 피는 꽃이 수정처럼 맑고 난초처럼 청초해 수정난풀이라고 부른다. 야고와 마찬가지로 엽록소가 없는 기생식물로서 낙엽이나 벌레의 배설물에서 생기는 양분으로 살아간다. 민간에서는 풀 전체를 진정약, 기침약에 사용하고 호흡기 질병이나 경련에도 쓴다. 투명한 꽃은 물기가 없으면 검게 변한다.

약용방법

● 중불로 달이거나 술을 담가서 복용한다. 외상에는 잎을 짓찧어 붙인다. ● 가급적 많이 쓰지 않는 것이 좋다.

국화과 여러해살이풀

Syneilesis palmata

① **분포_** 전국 각지
② **생지_** 산지의 나무 그늘
③ **화기_** 6~9월
④ **수확_** 가을(뿌리)
⑤ **크기_** 50~120cm
⑥ **이용_** 온포기(식용), 뿌리
⑦ **치료_** 사지마비, 관절염 요통, 타박상 등

우산나물

생약명_ 토아산

접은 우산과 닮았다고 우산나물이라고 부른다. 잎이 접혔을 때 채취해야 하며, 잎이 완전히 펴지고 나면 삿갓나물보다는 약하지만 독성이 생긴다. 가을에 말려 둔 뿌리를 달이거나 술을 담가 소주잔으로 한두 잔씩 마시면 혈액순환과 관절염에 효과가 있다. 해독, 활혈, 지통의 효능으로 사지마비, 관절염, 요통, 타박상을 치료한다.

삿갓나물

약용방법

● 중불로 달이거나 가루를 내서 복용한다.
● 치유되는 대로 중단한다.

용담과 두해살이풀

Swertia pseudo-chinensis

① **분포_** 전국 각지
② **생지_** 산과 들의 양지
③ **화기_** 8~10월
④ **수확_** 가을(개화기)
⑤ **크기_** 15~30cm
⑥ **이용_** 온포기
⑦ **치료_** 인후염, 편도선염 등

자주쓴풀

생약명_ 자당약

아주 쓴맛이 나는 풀이다. 달이고 달여 천 번 솎아도 여전히 쓰다. 용담보다 10배는 더 쓴맛이다. 모발을 자라게 하는 효능으로 머리에 바르고 마사지 하면 발모 효과를 볼 수 있다. 그밖에 청열, 해독, 건위작용을 해서 인후염, 편도선염, 결막염 및 옴이나 버짐등에 약으로 쓴다.

약용방법

- 중불로 진하게 달여서 복용한다.
- 해롭지는 않지만 치유되는 대로 중단한다.

한련초

생약명_ 묵한련

경기도 이남의 따뜻한 곳에 분포하는 일년초로 전체에 거친털이 있어 껄끄럽다. 꽃이 피는 시기에 전초를 채취해서 그늘에 말리거나 햇볕에 잘 건조한 후 약으로 쓴다. 피를 차게 하고 지혈작용이 있어서 간장, 신장이 약할 때, 토혈, 각혈, 빈혈 등의 증상에 도움을 준다. 신선하게 사용하려면 수시로 채취해서 이용하면 된다.

국화꽃과 한해살풀

Eclipta prostrata

① **분포_** 경기 이남
② **생지_** 논밭둑, 냇가, 습지
③ **화기_** 8~9월
④ **수확_** 8 9월(개화기)
⑤ **크기_** 10~60cm
⑥ **이용_** 온포기
⑦ **치료_** 간장, 신장의 보호
토혈, 각혈, 빈혈 등

약용방법

- 중불로 달여서 복용한다.
- 해롭지는 않지만 치유되는 대로 중단한다.

콩과 여러해살이 덩굴풀

여우팥

Dunbaria villosa

생약명_ 야편두

① **분포_** 제주도, 남부 다도해 섬 지방
② **생지_** 산이나 들, 바닷가의 숲
③ **화기_** 8월
④ **수확_** 개화기 전
⑤ **크기_** 2m 정도
⑥ **이용_** 온포기
⑦ **치료_** 피부질환, 대하증 등

꽃이 팥꽃과 비슷해서 붙은 이름이다. 남부 지방과 제주도의 풀밭에서 자라는 덩굴성 식물로, 주로 햇볕이 잘 드는 곳에서 자라지만 습기 있는 곳을 선호해 물기가 있는 숲이나 도랑에서도 많이 볼 수 있다. 전초 및 종자를 야편두라 하여 피부 질환이나 대하증 등에 약용한다. 팥처럼 식용하기도 하지만 그다지 맛은 없다.

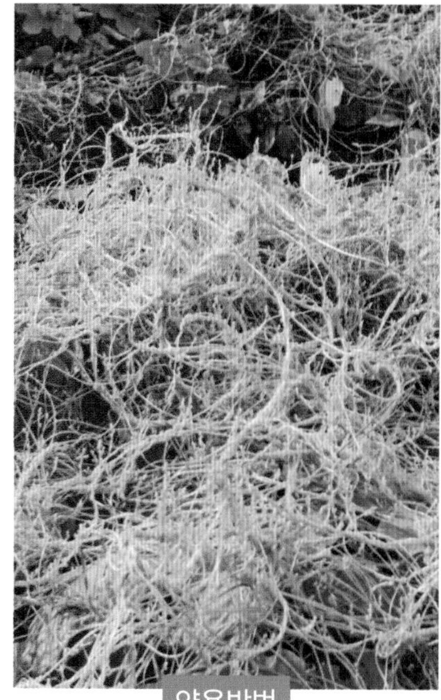

약용방법

- 중불로 진하게 달이거나 술을 담가 복용한다.
- 독성은 없지만 치유되면 바로 중단한다.

새삼

생약명_ 토사자

메꽃과 한해살이 기생 덩굴풀

Cuscuta japonica

염록소가 없기에 긴 덩굴을 다른 식물에게 칭칭 감으며 자라는 기생식물이다. 씨를 토사자라 부르며 약으로 쓴다. 자양 강장, 피로와 권태에 효능이 있으며, 줄기는 여드름 제거에 좋다. 열매가 익기 전인 가을에 채취해서 그늘에서 말린 다음 풀을 쳐내고 씨만 걷어서 약으로 쓴다. 작물에 막대한 피해를 입히는 약초이기도 하다.

① **분포_** 전국 각지
② **생지_** 산과 들
③ **화기_** 8~9월
④ **수확_** 가을 무렵
⑤ **크기_** 50~70cm
⑥ **이용_** 줄기, 씨앗
⑦ **치료_** 자양강장, 피로감

약용방법

● 중불로 달이거나 생즙 또는 술을 담가 복용한다.
● 해롭지는 않지만 치유되는 대로 중단한다.

쥐꼬리망초과 한해살이풀

Justicia procumbens

① **분포_** 제주도, 남부 다도해 섬 지방
② **생지_** 산이나 들, 바닷가의 숲
③ **화기_** 7~9월
④ **수확_** 7~9월(개화기)
⑤ **크기_** 10~40cm
⑥ **이용_** 온포기(뿌리 제외)
⑦ **치료_** 인후통, 종기, 타박상

쥐꼬리망초

생약명_ 작상

산기슭이나 길가에 자라는 한해살이풀이다. 뿌리를 제외한 전초를 작상이라고 하여 약재로 사용하는데, 독성이 없는 생약이다. 청열, 해독, 활혈, 지통의 효능으로 감기로 인한 발열, 인후통, 근육통, 타박상, 종기 등에 사용한다. 내복약보다는 외용약으로 많이 쓰인다. 어린순은 나물로 먹지만 너무 많이 먹으면 결석의 원인이 된다.

약용방법

- 중불로 진하게 달이거나 가루 또는 술을 담가 복용한다. 외상에는 달인 물로 씻는다.
- 치유되면 바로 중단한다.

담배풀

생약명_ 천명정

크고 주름이 있는 잎이 담뱃잎과 닮아서 담배풀이라고 부른다. 한방에서는 뿌리 및 전초를 말린 것을 천명정, 열매는 학슬이라 부르며 약용한다. 청열, 해독, 거담작용으로 편도선염이나 목의 통증, 기관지염 등에 효능이 있다. 잎을 짜낸 즙과 달임물을 타박상이나 벌레 물린 곳에 바르면 붓기가 쉽게 가라앉는다.

국화과 두해살이풀

Carpesium abrotanoides

① **분포_** 중남부 지방
② **생지_** 산기슭, 들, 밭둑
③ **화기_** 8~9월
④ **수확_** 개화기(온포기)
9~10월(열매)
⑤ **크기_** 50~100cm
⑥ **이용_** 온포기, 뿌리
⑦ **치료_** 편도선염, 기관지염

Chapter 4
위험한 독초

가지과 한해살이풀

Datula metel

① **분포_** 전국 각지

② **생지_** 길가, 빈터, 밭

③ **화기_** 6~7월

④ **위험도_** ★★★☆

⑤ **위험 부위_** 전체

⑥ **오인 식물_** 오크라

⑦ **오인 부위_** 새순, 열매

⑧ **중독증상_ 구토,** 호흡 곤란

흰독말풀

싹과 열매가 오크라와 비슷하다.

꽃이 트럼펫 모양을하고 있기 때문에 천사의 나팔이라고도 한다. 섭취한 양에 따라 다르지만, 1~2시간 안에 중독 현상이 나타난다. 환각이나 급성 치매 등의 증상이 나타나고, 최악의 경우 사망에 이른다. 경험자에 의하면, 여타의 환각제와는 비교가 되지 않을 정도의 환청, 환시, 환각을 맛 본다고 한다.

협죽도

최악의 경우 사망할 수 있다.

꽃과 잎, 가지, 뿌리, 열매는 물론 주변 토양까지 독이 묻는다. 잘못해서 즙이 눈에 들어 가면 실명할 수 있고, 불에 태우면 연기에 독이 녹아 들어 연기를 흡입하는 것만으로도 심각한 중독증상을 겪는다. 가장 무서운 것은 경구 접촉이다. 학교에 협죽도가 심어져 있을 경우, 아이들이 흙장난 등의 놀이를 통해 접촉할 위험이 있다.

협죽도과 상록 활엽 관목

Nerium indicum

① **분포_** 제주도, 남부 지방
② **생지_** 정원수, 학교 교정 등
③ **화기_** 7 8월
④ **위험도_** ★★★★★
⑤ **위험 부위_** 전체, 흙
⑥ **오인 식물_** 없음
⑦ **오인 부위_** 없음
⑧ **중독증상_** 구토, 복통, 실명

가지과 여러해살이풀

Scopolia japonica

① **분포_** 전국 각지
② **생지_** 깊은 산 습지나 그늘
③ **화기_** 4~5월
④ **위험도_** ★★★★
⑤ **위험 부위_** 전체(특히 뿌리)
⑥ **오인 식물_** 머위
⑦ **오인 부위_** 새순
⑧ **중독증상_** 구토, 설사, 환각

미치광이풀

잎에 싸인 머위의 봉오리와 오인할 위험이 크다.

정말로 미친 놈처럼 발버둥을 치며 괴로워하다가 여기저기 뛰어다니게 된다. 진통과 진정제로 약용하기도 하지만, 다량을 복용하면 중추신경이 마비되고 호흡이 곤란해져 심하면 생명을 잃을 수 있다. 꽃을 만진 손으로 눈을 비비거나 몸에 문지르는 것도 매우 위험한 행동이다. 약으로 쓸 때는 반드시 외상 치료에 국한한다.

독미나리

독이 피부에 스며들기 때문에 섣불리 만지지 않는다.

미나리와 서식지가 같아 잘못 채취하기 쉽다. 미나리 특유의 향이 없고 대신에 고약한 냄새가 난다. 전체에 털이 없고 속이 빈 뿌리줄기에서 누른 즙이 나오므로 조심만 하면 식별이 가능하다. 독미나리의 독은 신경독이다. 특히 뿌리에 집중적으로 많다. 이를 먹은 소가 15분 만에 죽었다는 보도도 있다.

미나리과 여러해살이풀

Cicuta virosa L

① **분포_** 중부·북부 지방
② **생지_** 습지, 물가
③ **화기_** 6~8월
④ **위험도_** ★★★★★
⑤ **위험 부위_** 전체(특히 뿌리)
⑥ **오인 식물_** 미나리
⑦ **오인 부위_** 잎, 뿌리
⑧ **중독증상_** 구토, 의식장애

천남성과 여러해살이풀

Arisaema amurense

① **분포_** 전국 각지
② **생지_** 산지의 그늘진 곳
③ **화기_** 5~7월
④ **위험도_** ★★★★★
⑤ **위험 부위_** 전체(열매)
⑥ **오인 식물_** 옥수수
⑦ **오인 부위_** 열매
⑧ **중독증상_** 구토, 설사, 마비

천남성

전문가에게 맡기는 것이 안전 제 1의 원칙이다.

장희빈이 마신 사약이 바로 천남성이다. 중풍에 효과가 있다고 먹었다가는 큰일을 치른다. 실제 먹어 본 사람의 말을 빌자면, 무수히 많은 바늘로 혀를 찌르는 느낌이란다. 열매는 옥수수 모양으로 맛있게 보이기 때문에 아이들의 잘못된 관심을 끌 수 있다. 종류가 많고 꽃 모양도 조금씩 다르니 약으로 쓸 때는 전문가와 상의한다.

배풍등

익은 열매를 아이들이 먹지 않도록 한다.

꽃보다 가을에 나는 방울 토마토 같은 열매가 눈에 띈다. 전초 말린 것을 해독, 해열과 이뇨에 사용하고, 간염 치료제로도 사용하는 약초지만 전초에 감자의 독과 같은 신경독이 있다. 특히 붉게 익는 열매가 강한 독성을 발휘한다. 착각해서 열매를 먹으면 구토 증상과 설사, 복통을 일으키며, 많이 먹으면 사망한다.

가지과 덩굴성 반관목

Solanum lyratum

① **분포_** 남부 지방
② **생지_** 산지의 양지쪽 바위틈
③ **화기_** 8~9월
④ **위험도_** ★★★☆
⑤ **위험 부위_** 열매
⑥ **오인 식물_** 없음
⑦ **오인 부위_** 없음
⑧ **중독증상_** 구토, 호흡장애 등

백합과 여러해살이풀

Convallaria keiskei

① **분포_** 전국 각지

② **생지_** 산지

③ **화기_** 5~6월

④ **위험도_** ★★★★★

⑤ **위험 부위_** 전체

⑥ **오인 식물_** 둥굴레, 산마늘

⑦ **오인 부위_** 새순, 잎

⑧ **중독증상_** 심부전, 심장마비

은방울꽃

은방울 꽃을 만졌다면 반드시 손을 씻는다.

귀여운 꽃과 향으로 사랑받고 있지만 맹독을 지닌 독초다. 소량으로도 사람을 죽일 수 있는 독이다. 꽃이 들어간 물병의 물을 마시고 사망한 사례도 있다. 뿌리를 강심제나 이뇨제로 약용하지만, 일반인이 취급하는 것은 매우 위험하다. 싹이 나올 때 잎을 구분하기 어려운 식물로 둥굴레, 비비추, 산마늘 등이 있다.

박새

백합과 여러해살이풀

Veratrum patulum

박새의 위험도는 독의 강도보다 산마늘과의 오인 사고가 다발하고 있다는 점이다. 어린순의 모양이 산마늘과 정말 비슷하다. 그러나 자세히 관찰하면 사고를 피할 수 있다. 산마늘은 잎이 2~3장 나는 반면 박새는 잎이 줄기를 감싸듯 여러 장이 촘촘히 어긋나게 달린다. 잘못 섭취하면 심한 구토와 복통에 시달리게 된다.

① **분포_** 전국 각지
② **생지_** 깊은 산 습지나 초원
③ **화기_** 7~8월
④ **위험도_** ★★★☆
⑤ **위험 부위_** 전체(특히 뿌리)
⑥ **오인 식물_** 산마늘
⑦ **오인 부위_** 새순, 잎
⑧ **중독증상_** 구토, 의식장애

산약초 찾아보기

ㅁ

ㅂ

ㅅ

ㅇ

Chapter 1
식용버섯

말불버섯

균심균류 | 말불버섯목 | 말불버섯과

주로 장마철부터 발생하지만 초봄과 늦가을에도 심심찮게 발견된다. 사람의 생활권에서도 쉽게 볼 수 있는, 막대기로 탁 치면 포자가 연기처럼 솟구치는 재미있는 버섯이다. 육질은 흰색으로 전체가 마시맬로 같은 질감이다. 반으로 잘라 유균이 백색일 때 표피를 벗겨 꼬치구이로 먹기도 하지만 조금이라도 색이 변했다면 먹을 수 없다.

발생 시기 여름~가을 **발생 장소** 숲속의 부식토, 풀밭 **발생 형태** 단생, 군생 **갓의 지름** 2~5cm **갓의 모양** 구형 **갓의 표면** 백색~황갈색 **갓의 점성** 없음 **대의 높이** 없음 **대의 모양** 없음 **대의 표면** 없음 **식용 여부** 식용, 약용

가시말불버섯

균심균류 | 말불버섯목 | 말불버섯과

발생지역에 따라 가시의 색깔 및 형태 변화가 크다. 자실체는 구형 또는 서양배형이며, 포자가 생기지 않는 기부는 잘록한 원주형이다. 갓머리에 돋는 가시는 밤송이만큼 꽤 단단해서 자칫 찔리기라도 하면 따끔할 정도로 아프다. 그러나 성숙하면서 가시는 모두 빠진다. 내부조직이 말라서 가루가 되기 전까지 먹어도 무방하지만 그다지 맛은 없다.

발생 시기 여름~가을 **발생 장소** 숲의 나무나 톱밥 위 **발생 형태** 단생, 군생 **갓의 지름** 2~5cm **갓의 모양** 구형 **갓의 표면** 백색~황갈색 **갓의 점성** 없음 **대의 높이** 없음 **대의 모양** 없음 **대의 표면** 없음 **식용 여부** 식용, 약용

좀말불버섯

균심균류 | 말불버섯목 | 말불버섯과

공 모양, 달걀 모양, 팽이 모양 등 개체의 편차가 크다. 땅에서 발생하는 말불버섯과는 달리 혼합림의 그루터기 또는 썩은 나무 위에서 발생한다. 유균일 때는 백색이지만 나중에 황갈색 또는 회갈색을 띠기도 한다. 찐빵 같은 유균을 식용한다. 다 자라 옅은 갈색을 띠면 맛이 없을 뿐 아니라, 미량의 독이 생겨서 위험하다. 맛은 말불버섯과 거의 비슷하다.

발생 시기 여름~가을 **발생 장소** 침엽수의 고목 위 **발생 형태** 산생, 군생 **갓의 지름** 2~4cm **갓의 모양** 구형~서양배형 **갓의 표면** 백색~회갈색 **갓의 점성** 없음 **대의 높이** 없음 **대의 모양** 없음 **대의 표면** 없음 **식용 여부** 식용

한국의 버섯

목장말불버섯

균심균류 | 말불버섯목 | 말불버섯과

골프장 잔디를 악화 또는 약화시키는 해균으로 악명 높다. 유균일 때 생기는 알갱이 모양의 작은 가시는 비가 오면 씻겨 나간다. 보기에 푹신거릴 것 같지만 의외로 탄력이 있고 단단하다. 성숙하면 구멍이 뚫리며 포자들이 먼지처럼 쏟아져 나온다. 여러 도감에는 찹쌀떡 같은 유균을 식용한다고 기록되어 있지만 아무래도 식용 부적합에 가깝다.

발생 시기 여름~가을 **발생 장소** 숲, 풀밭, 잔디밭 **발생 형태** 산생, 군생 **갓의 지름** 1~3cm **갓의 모양** 구형~서양배형 **갓의 표면** 백색~황갈색 **갓의 점성** 없음 **대의 높이** 없음 **대의 모양** 없음 **대의 표면** 없음 **식용 여부** 식용(또는 비식용)

한국의 버섯

댕구알버섯

균심균류 | 말불버섯목 | 말불버섯과

마치 타조알과 배구공을 연상케 하는 버섯이다. 큰 것은 지름 60cm에 달하는 것도 있다. 스폰지처럼 보이지만 탄력이 있어서 손가락으로 건드리면 통통 소리가 난다. 속이 순백인 유균을 식용하는데, 유럽에서는 버터로 구워 내 빵에 끼워 먹는다고 한다. 성숙하면 표피가 다갈색으로 변하고 포자를 날리다가 마지막엔 아무것도 남기지 않고 사라져버린다.

발생 시기 여름~가을 **발생 장소** 초지, 정원 **발생 형태** 단생, 산생 **갓의 지름** 15~40cm **갓의 모양** 구형 **갓의 표면** 백색~갈색 **갓의 점성** 없음 **대의 높이** 없음 **대의 모양** 없음 **대의 표면** 없음 **식용 여부** 식용

한국의 버섯

말징버섯

균심균류 | 말불버섯목 | 말불버섯과

이따금 어른 손바닥 보다 큰 것도 만날 수 있다. 갓 구운 식빵이나 단팥빵처럼 보여서 식빵버섯, 스티로폼 버섯, 뇌버섯 등의 다양한 별명을 갖고 있다. 성숙하면 자실체 전체에서 노란 포자를 분출하는데, 이 과정에서 심한 악취를 풍긴다. 표피가 흰색인 어렸을 때만 식용할 수 있다. 아주 좋은 국물이 나오기 때문에 중화요리의 재료로 자주 사용한다.

발생 시기 여름~가을 **발생 장소** 숲속의 부식토, 풀밭 **발생 형태** 단생, 군생 **갓의 지름** 4~10cm **갓의 모양** 머리모양형~식빵형 **갓의 표면** 갈색~황갈색 **갓의 점성** 없음 **대의 높이** 없음 **대의 모양** 없음 **대의 표면** 없음 **식용 여부** 식용, 약용

곰보버섯

균심균류 | 곰보버섯속 | 곰보버섯과

갓머리가 호두껍질 또는 울퉁불퉁한 그물 모양이다. 겨울이 끝날 무렵 발생하기 때문에 초봄 무렵에만 볼 수 있다. 산속보다는 정원수가 많은 땅 위에서 나며, 표고버섯과 비슷한 향기에 쇠고기 국물이 섞인 듯한 독특한 맛이 난다. 미량의 독성이 있으므로 조리 시 반드시 데쳐서 조리해야 한다. 날 것을 그대로 먹거나 술과 함께 섭취하는 것은 금물이다.

발생 시기 4~5월 **발생 장소** 활엽수림 **발생 형태** 산생 또는 소수 군생 **갓의 지름** 2~6cm **갓의 모양** 원추형 **갓의 표면** 황갈색 **갓의 점성** 없음 **대의 높이** 4~5.5cm **대의 모양** 원통형 **대의 표면** 황갈색 **식용 여부** 식용

끈적긴뿌리버섯

균심균류 | 긴뿌리버섯속 | 송이과

벚나무나 활엽수의 고목 또는 고그루터기 등에서 소수 속생하거나 무리지어 발생한다. 어릴 때는 만두형이었다가 시간이 지날수록 편평형이 된다. 갓 표면은 상아색에 가까운 백색을 띠며, 습할 경우 점성이 있는 젤라틴질이 형성된다. 매우 아름다운 식용버섯으로 좋은 냄새와 부드러운 맛을 즐길 수 있지만 아쉽게도 금세 녹아 내리는 습성을 지녔다.

발생 시기 여름~가을 **발생 장소** 활엽수의 고목 **발생 형태** 군생 **갓의 지름** 2~8cm **갓의 모양** 반구형 **갓의 표면** 상아색 **갓의** 점성 있음(습할 때) **대의 높이** 3~6.5cm **대의 모양** 원통형 **대의 표면** 백색~회갈색 **식용 여부** 식용

달걀버섯

균심균류 | 광대버섯속 | 광대버섯과

여름을 알리는 대표적인 식용버섯이다. 달걀 모양으로 주머니 속에 싸여 있다가 위쪽으로 솟아 나온다. 갓 표면은 적황색 또는 등황색이고 대는 성장하면서 뱀 껍질처럼 변한다. 색이 화려해서 독버섯이라고 생각하겠지만 맛 좋은 식용버섯이다. 유럽에서는 '카이사르' 즉, 버섯의 제왕으로 부른다. 비슷하게 생긴 광대버섯은 맹독성 버섯이므로 주의해야 한다.

발생 시기 여름~가을 **발생 장소** 활엽수림, 혼합림 **발생 형태** 단생, 산생 **갓의 지름** 6~18cm **갓의 모양** 반구형~편평형 **갓의 표면** 적황색~등황색 **갓의 점성** 있음(습할 때) **대의 높이** 5~8cm **대의 모양** 원통형 **대의 표면** 등황색~황색 **식용 여부** 식용

광대버섯

노란달걀버섯

균심균류 | 광대버섯속 | 광대버섯과

달걀버섯과 색만 다르고 달걀버섯보다 발생 빈도수는 낮다. 5~15cm인 갓은 난형 또는 반구형에서 편평형이 되며 가운데가 볼록하다. 표면은 황색또는 등황색으로 가장자리에 뚜렷한 방사상의 선이 있다. 육질형이어서 데친 후 양념에 볶으면 쇠고기 볶음보다 더 맛있다. 맹독 버섯인 개나리광대버섯과 모양이 비슷하니 각별한 유의가 필요하다.

발생 시기 여름~가을 **발생 장소** 침엽수림, 활엽수림내의 땅위 **발생 형태** 단생, 산생 **갓의 지름** 3~15cm **갓의 모양** 반구형~편평형 **갓의 표면** 황색~담황색 **갓의 점성** 있음 **대의 높이** 5~8cm **대의 모양** 원통형 **대의 표면** 담황색 **식용 여부** 식용

개나리광대버섯

흰달걀버섯

균심균류 | 광대버섯속 | 광대버섯과

표피를 벗으면 영락없이 껍질을 벗긴 삶은 달걀이다. 장마가 시작되기 전부터 매우 드물게 발생한다. 유균일 때는 미색이었다가 점차 백색이 되며 달걀버섯, 노란달걀버섯과 비교해 백색이란 점만 다르다. 만져 보면 의외로 육질이 두꺼워서 씹는 맛이 좋고 풍부한 맛이 일품이다. 맹독버섯인 독우산광대버섯과 비슷하니 주의를 요한다.

발생 시기 여름~가을 **발생 장소** 숲속의 부식토, 풀밭 **발생 형태** 단생, 군생 **갓의 지름** 2~5cm **갓의 모양** 구형 **갓의 표면** 백색~황갈색 **갓의 점성** 없음 **대의 높이** 없음 **대의 모양** 없음 **대의 표면** 없음 **식용 여부** 식용, 약용

잿빛만가닥버섯

균심균류 | 만가닥버섯속 | 만가닥버섯과

큰 것은 갓 지름이 20cm가 넘기도 한다. 참나무 숲의 지상 또는 도로변, 정원, 화전지에서 군생한다. 종종 지하에 매몰된 목재 위에서 발생하는 경우도 있다. 채취 기간이 제법 길지만 발생량이 적은 편이라서 많이 채취 할 수는 없다. 쫄깃하고 맛이 좋은 식용버섯이라서 인공재배를 하기도 한다. 체질에 따라 가벼운 복통이나 설사 등 중독을 일으킬 수 있다.

발생 시기 여름~가을 **발생 장소** 참나무 숲 **발생 형태** 속생 , 군생 **갓의 지름** 2~5cm **갓의 모양** 반구형 **갓의 표면** 회갈색~회색 **갓의 점성** 없음 **대의 높이** 3~8cm **대의 모양** 원통형 **대의 표면** 백색~회색 **식용 여부** 식용

땅찌만가닥버섯

균심균류 | 만가닥버섯속 | 만가닥버섯과

송이버섯이 향기의 왕이라면 이 버섯은 맛의 왕이다. 늦가을에 혼합림 내에 단생 또는 군생하는 외생균근성 버섯이다. 갓은 지름 2~8cm로 반구형에서 편평형이 된다. 갓 표면은 회갈색이나 담회갈색이고 갓 끝은 말린형이다. 조직은 백색으로 치밀하다. 일본에서 향은 '송이', 맛은 '땅지'라고 하여 최고의 맛으로 치는 아주 맛 좋은 대표적인 식용버섯이다.

발생 시기 가을 **발생 장소** 참나무 숲 **발생 형태** 군생 **갓의 지름** 3~8cm **갓의 모양** 반구형~편평형 **갓의 표면** 회갈색~암회색 **갓의 점성** 없음 **대의 높이** 3~8cm **대의 모양** 원통형 **대의 표면** 백회색~회갈색 **식용 여부** 식용

연기색만가닥버섯

균심균류 | 만가닥버섯속 | 만가닥버섯과

참나무가 있는 혼합림 속의 땅 위에서 수십 개의 침 같은 갓이 나오며 성장한다. 갓은 굵은 기부에서 가지를 친 많은 대 위에 붙고, 반구형을 거쳐 편평하게 된다. 땅찌만가닥버섯과 마찬가지로 드물게 발생하는 희귀종이다. 맛이 부드럽고 씹는 맛이 좋은 식용버섯이며, 송이처럼 매년 같은 자리에서 발생하므로 장소를 잘 알아두면 채집하기가 수월해진다.

발생 시기 여름~가을 **발생 장소** 참나무 숲 **발생 형태** 산생, 소수 군생 **갓의 지름** 3~8cm **갓의 모양** 반구형 **갓의 표면** 갈색~암갈색 **갓의 점성** 있음 **대의 높이** 4~6cm **대의 모양** 원통형 **대의 표면** 회백색 **식용 여부** 식용

풀버섯

균심균류 | 주름버섯목 | 난버섯과

고온다습한 날씨에 썩은 볏짚, 퇴비나 그 주위의 땅에서 다수 군생한다. 단맛이 나고 부드러우며 한번 끓이면 국물이 엄청 나온다. 다른 채소류 등과 함께 볶거나, 식감이 포인트이기에 생으로 먹어도 아주 맛있는 버섯이다. 하지만 고약한 향취가 있어서인지 호불호가 갈린다. 볏짚에서 재배된다고 '볏짚버섯', 버섯의 모양을 두고 '숫총각버섯'이라고 부른다.

발생 시기 봄~가을 **발생 장소** 썩은 볏짚 더미, 퇴비 주변 **발생 형태** 다발 군생 **갓의 지름** 5~10cm **갓의 모양** 종형~편평형 **갓의 표면** 회갈색-흑갈색 **갓의 점성** 없음 **대의 높이** 4~14cm **대의 모양** 원통형 **대의 표면** 백색~담황갈색 **식용 여부** 식용

가시갓버섯

균심균류 | 주름버섯목 | 갓버섯과

식용 가치는 적다. '소름우산버섯'이라고도 하고 일본에서는 '도깨비버섯'이라고 부른다. 풀숲의 쓰레기 위나 정원, 공원의 길가에서 발생한다. 갓 표면은 담갈색 또는 황갈색이며 오돌톨한 돌기로 덮여 있다. 주름살은 꽤 빽빽한 편이다. 육질이 얇고 무미 무취인데다 설사나 식중독 위험이 있으니 가급적 식용하지 않는 것이 좋다.

발생 시기 여름~가을 **발생 장소** 숲, 풀밭, 길가 **발생 형태** 군생 **갓의 지름** 6~10cm **갓의 모양** 산형~편평형 **갓의 표면** 황갈색 **갓의 점성** 없음 **대의 높이** 8~10cm **대의 모양** 원통형 **대의 표면** 백색, 연한 갈색 **식용 여부** 식용(비추천)

큰갓버섯

균심균류 | 주름버섯목 | 갓버섯과

큰 키에 큰 갓머리, 마치 동화 속에서나 나올 것 같은 모양새다. 갓 무게를 견디지 못하고 쓰러지는 경우도 흔하다. 갓은 처음에 달걀 모양이었다가 나중에 편평하게 펴진다. 냄새도 거의 없고 건조하면 독특한 국물을 얻을 수 있지만, 생식하면 중독을 일으킨다. 갓버섯류와 비슷한 독버섯이 많기에 채취 할 때는 주의를 기울여야 한다.

발생 시기 여름~가을 **발생 장소** 숲, 풀밭, 퇴비더미 **발생 형태** 단생 **갓의 지름** 5~30cm **갓의 모양** 종형~편평형 **갓의 표면** 백색~담황색 **갓의 점성** 없음 **대의 높이** 5~30cm **대의 모양** 원통형 **대의 표면** 백색~갈색 **식용 여부** 식용

우산버섯

균심균류 | 주름버섯목 | 광대버섯과

학처럼 목이 길다고 북한에서는 '학버섯'이라고 부른다. 여름부터 가을까지 침엽수림 또는혼합림 숲속에서 단생 혹은 산생한다. 비교적 얇고 육질형이며, 맛과 향기는 부드럽다. 하지만 체질에 따라 위장 장애를 일으킬 수 있고, 턱받이광대버섯 같은 독버섯과 비슷하기 때문에 확실치 않은 경우에는 먹지 않는 것이 좋다.

발생 시기 여름~가을 **발생 장소** 잡목림, 침엽수림 **발생 형태** 산생, 소수 군생 **갓의 지름** 5~10cm **갓의 모양** 종형~편평형 **갓의 표면** 황갈색 **갓의 점성** 없음 **대의 높이** 8~15cm **대의 모양** 원통형 **대의 표면** 유백색~황갈색 **식용 여부** 식용

한국의 버섯

고동색우산버섯

균심균류 | 주름버섯목 | 광대버섯과

활엽수림 또는 침엽수림내에서 발생하며, 드물게는 풀밭이나 초원에서도 산생한다. 생김새가 우산버섯과 갓과 대의 색깔만 다르다. 갓은 처음엔 종모양이었다가 편평형이 되며, 밑으로 주름살이 백색으로 빽빽하게 들어찬다. 식용버섯이지만 미량의 유독 성분이 있어서 생식하면 위장장애를 일으킨다. 광대버섯과이므로 식용할 때는 신중하게!

발생 시기 여름~가을 **발생 장소** 잡목림, 침엽수림 **발생 형태** 산생, 군생 **갓의 지름** 5~10cm **갓의 모양** 종형~편평형 **갓의 표면** 황갈색 **갓의 점성** 있음(습할 때) **대의 높이** 8~15cm **대의 모양** 원통형 **대의 표면** 유백색~황갈색 **식용 여부** 식용

무리우산버섯

균심균류 | 주름버섯목 | 독청버섯과

봄부터 가을까지 죽은 나무나 그루터기에 속생하는 목재부후균이다. 주위가 젖거나 습할 때 점액이 생긴다. 식용버섯이지만 독성이 있다는 보고도 있으므로 주의해야 한다. 또, 맹독성인 노란다발버섯 매우 흡사하게 생겼다. 둘 다 나무 위에서 나는 버섯이고, 왠만해서는 육안으로 구별할 수 없기 때문에 함부로 먹지 않는 것이 좋을지도 모른다.

발생 시기 봄~가을 **발생 장소** 죽은 나무나 줄기, 그루터기 **발생 형태** 속생 **갓의 지름** 3~6㎝ **갓의 모양** 반구형~편평형 **갓의 표면** 황갈색 **갓의 점성** 있음(습할 때) **대의 높이** 3~8cm **대의 모양** 원통형 **대의 표면** 황갈색~흑갈색 **식용 여부** 식용

노란다발버섯

망태버섯

균심균류 | 주름버섯목 | 말뚝버섯과

사람들이 왜 '여왕버섯'이라고 부르는지 한번 보게 되면 안다. 장마철과 가을, 1년에 딱 두 번 대나무 숲에서 발생한다. 망사 모양의 순백색 망태가 갓의 기본체이며, 밖으로는 두꺼운 젤라틴이 둘러싸여 있다. 특유의 분취가 있지만, 깊은 맛의 풍미를 맛보게 해주는 버섯이다. 중국과 프랑스에서 고급 식재료로 대우하며, 일본에서는 건조한 상품을 백화점에서 판매한다.

발생 시기 여름~가을 **발생 장소** 대나무 숲 **발생 형태** 산생, 소수 군생 **갓의 지름** 3~5cm **갓의 모양** 종형 **갓의 표면** 백색~연황색 **갓의 점성** 있음 **대의 높이** 10~20cm **대의 모양** 원통형 **대의 표면** 순백색 **식용 여부** 식용

노란망태버섯

균심균류 | 주름버섯목 | 말뚝버섯과

운이 좋아야 몇 년에 한번 볼까 말까 할 정도로 희귀한 버섯이다. 대나무 숲에서만 나는 망태버섯과는 다르게 산에서도 발생한다. 망태 색상이 노란색인 점을 제외하고는 망태버섯과 비슷하다. 개체가 성숙하면 그물의 융기가 녹으면서 암모니아와 사향 섞은 것 같은 냄새를 풍긴다. 악취가 심하고 설사로 고생했다는 사람도 있지만, 산의 진미를 알게 해주는 버섯이다.

발생 시기 여름~가을 **발생 장소** 혼합림, 대나무숲 **발생 형태** 산생, 소수 군생 **갓의 지름** 3~5cm **갓의 모양** 종형 **갓의 표면** 백색~연황색 **갓의 점성** 있음 **대의 높이** 10~20cm **대의 모양** 원통형 **대의 표면** 순백색~연황색 **식용 여부** 식용

말뚝버섯

균심균류 | 주름버섯목 | 말뚝버섯과

망태버섯에서 흰 망토를 제거하면 바로 이 모습일 것이다. 남성의 성기를 닮아서인지 학명 역시 '뻔뻔한 성기'라는 뜻이다. 악취가 지독해 한번 맡으면 식욕 따위는 그 자리에서 바로 사라져 버린다. 갓을 제거한 손잡이 부분을 식용하는데, 식감도 그렇고 손질한 품새가 해삼과 비슷해서 중국에서는 수프에 곧잘 이용한다.

발생 시기 여름~가을 **발생 장소** 숲속이나 정원, 부식질의 땅 **발생 형태** 산생, 소수 군생 **갓의 지름** 9~15cm **갓의 모양** 종형 **갓의 표면** 백색~담황색 **갓의 점성** 있음 **대의 높이** 5~10cm **대의 모양** 원주형 **대의 표면** 백색 **식용 여부** 식용

한국의 버섯

꾀꼬리버섯

균심균류 | 주름버섯목 | 꾀꼬리버섯과

여름부터 가을에 걸쳐 혼합림 내의 지상에서 군생 또는 산생한다. '오이꽃버섯', '살구버섯'이라고도 부른다. 씹으면 은은한 살구 향이 입 안을 감도는데, 이 향 때문에 유럽인들이 아주 좋아한다. 채취할 때는 표면이 매끄럽고 선명한 황색을 띤 것이 좋다. 비슷하게 생긴 '꾀꼬리큰버섯'은 독버섯이므로 피하는 것이 상책이다.

발생 시기 여름~가을 **발생 장소** 혼합림 **발생 형태** 산생, 소수 군생 **갓의 지름** 3~9cm **갓의 모양** 반구형~깔때기형 **갓의 표면** 황색 **갓의 점성** 없음 **대의 높이** 1.5~7cm **대의 모양** 원통형 **대의 표면** 연황색 **식용 여부** 식용

깔때기꾀꼬리버섯

균심균류 | 주름버섯목 | 꾀꼬리버섯과

요즘엔 '깔때기뿔나팔버섯'이라고 부른다. 가을로 접어드는 9월부터 숲 속의 땅 위에서 군생 또는 단생한다. 지름 2~5cm로 꾀꼬리버섯보다 작은 편이며, 자실체 가운데에 오목하게 깔때기 형태로 구멍이 나 있다. 향기와 맛이 좋아 전 세계 사람들이 좋아하는 버섯이지만, 소형이라 모을 때 고생해야 한다.

발생 시기 가을 **발생 장소** 혼합림 **발생 형태** 산생, 소수 군생 **갓의 지름** 2~4cm **갓의 모양** 굽은형 **갓의 표면** 갈회색~황갈색 **갓의 점성** 없음 **대의 높이** 3~6cm **대의 모양** 주름형, 납작형 **대의 표면** 진황색 **식용 여부** 식용

붉은꾀꼬리버섯

균심균류 | 주름버섯목 | 꾀꼬리버섯과

아름다운 홍색의 버섯이다. 뒤집어 보면 꾀꼬리버섯과 아주 흡사하다. 여름부터 가을까지 숲속의 땅 위에서 단생 또는 군생한다. 다 자라면 4cm 정도로 생각보다 제법 크다. 채취할 때는 거의 나지 않다가 시간이 지날 수록 강한 살구 향기가 맴돈다. 맛있는 식용버섯으로 육질이 부드러운 반면, 강한 찰기가 있다.

발생 시기 여름~가을 **발생 장소** 숲속의 땅 **발생 형태** 단생, 군생 **갓의 지름** 1~4cm **갓의 모양** 평반구형~편평형 **갓의 표면** 적색~등적색 **갓의 점성** 없음 **대의 높이** 1.5~4cm **대의 모양** 원통형 **대의 표면** 적색, 등적색 **식용 여부** 식용

느타리

균심균류 | 주름버섯목 | 느타리과

균사는 추위에 강해서 영하 20°C에서도 견딜 수 있다. 가까이 다가가면 야생버섯 특유의 맑은 향기가 코를 찌른다. 표면에 짧은 털이 나 있으며, 갓은 비교적 편평하게 연다. 그러나 형태는 한결 같지 않고 조개형, 물결형, 깔때기형 등 개체마다 제 각각의 모습으로 자라난다. 두툼하고 탄력이 있으며, 씹는 맛이 좋아 다양한 요리에 사용하는 버섯이다.

발생 시기 늦가을~이듬해 봄 **발생 장소** 침엽수, 활엽수의 고사목 **발생 형태** 군생 **갓의 지름** 5~15cm **갓의 모양** 조개껍질형 **갓의 표면** 황갈색~회갈색 **갓의 점성** 없음 **대의 높이** 1~3cm **대의 모양** 원통형 **대의 표면** 백색 **식용 여부** 식용, 약용

산느타리

균심균류 | 주름버섯목 | 느타리과

느타리를 얇고 작게 만든 것으로 보면 된다. 하지만 느타리보다 색상은 더 밝다. 장마와 더불어 발생하는데, 발견하면 소박하고 깨끗한 자태에 탄성이 절로 나오게 된다. 미세한 털로 뒤덮여 있는 표면은 처음엔 백색이었다가 레몬 색으로 변한다. 갓은 만두 모양에서 성장하면서 조개형이나 접시형으로 바뀌는데, 어떤 형태가 될지는 발생하는 장소에 따라 정해진다.

발생 시기 여름~가을 **발생 장소** 활엽수의 고목 또는 떨어진 가지 **발생 형태** 중생 **갓의 지름** 2~8cm **갓의 모양** 원주형 **갓의 표면** 회백색~담황색 **갓의 점성** 없음 **대의 높이** 1.5~3cm **대의 모양** 원통형 **대의 표면** 연황색 **식용 여부** 식용, 약용

노랑느타리

균심균류 | 주름버섯목 | 느타리과

레몬 같은 노란색이 특징으로, 몇 안 되는 여름 채취가 가능한 버섯이다. 하나의 대에서 다수의 분지가 형성되며, 각각의 정단에 갓이 하나씩 달린다. 육질은 독특한 냄새가 있고 섬유질이 많아 질기지만, 튀김이나 된장국 등 다양한 방법으로 이용할 수 있다. 데치면 나오는 노랑물은 버리지 말고 국물용 육수로 사용하면 좋다.

발생 시기 초여름~가을 **발생 장소** 활엽수의 고목 또는 그루터기 **발생 형태** 군생 **갓의 지름** 5~15cm **갓의 모양** 조개껍질형 **갓의 표면** 황갈색~회갈색 **갓의 점성** 없음 **대의 높이** 1~3cm **대의 모양** 원통형 **대의 표면** 백색 **식용 여부** 식용, 약용

표고버섯

균심균류 | 주름버섯목 | 느타리과

봄과 가을 두 차례 참나무나 상수리나무의 고사목, 그루터기에서 군생한다. 육질은 탄력이 있고 향기롭고 맛이 강하다. 쫄깃하고 야들야들한 식감으로 '버섯의 귀족'으로 부르기도 한다. 맛 뿐 아니라, 약효 또한 뛰어나서 혈압강하, 콜레스테롤 강하작용을 한다. 열량이 적고 식이섬유가 많아 다이어트 용으로도 그만인 버섯이다.

발생 시기 봄과 가을 **발생 장소** 활엽수의 고사목 또는 그루터기(재배) **발생 형태** 중생 **갓의 지름** 3~15cm **갓의 모양** 반구형~편평형 **갓의 표면** 담갈색~흑갈색 **갓의 점성** 없음 **대의 높이** 3~8cm **대의 모양** 원통형 **대의 표면** 백색 **식용 여부** 식용, 약용

팽나무버섯

균심균류 | 민주름버섯목 | 송이버섯과

젤라틴질로 반짝이는 갓은 반구형이었다가 차츰 평평하게 된다. 뇌의 활동을 돕는 비타민이 풍부하게 함유된 버섯이다. 섭식한 사람이 먹지 않은 사람보다 위암에 걸릴 위험이 낮다는 연구 결과도 있다. 우리는 흔히 '팽이'라고 부르지만, 외국에서는 혹독한 겨울을 이겨낸다고 '겨울버섯'이라고 부른다. 소형버섯 답지 않게 조직이 두껍고 매우 부드럽다.

발생 시기 봄~가을 **발생 장소** 활엽수의 고목이나 그루터기 **발생 형태** 군생 **갓의 지름** 2~3cm **갓의 모양** 반구형~편평형 **갓의 표면** 황색~황갈색 **갓의 점성** 있음 **대의 높이** 2~9cm **대의 모양** 원통형 **대의 표면** 황색 **식용 여부** 식용, 약용

나도팽나무버섯

균심균류 | 주름버섯목 | 독청버섯과

10월부터 11월 중순까지가 채취 적합 시기이다. 너도밤나무의 고목이나 그루터기에서 군생하는데, 식감이 좋아 가을 미각의 대명사로 꼽는다. 콩알 같은 유균은 주름을 감싸는 피막에 덮여있다가 곧 제철 버섯으로 성장한다. 갓이 열리면 못 먹는 것으로 치부되는 다른 버섯과는 달리, 이 버섯은 갓이 열린 것이 볼륨이 있고 더 맛있다.

발생 시기 가을 **발생 장소** 활엽수, 너도밤나무의 그루터기 **발생 형태** 군생 **갓의 지름** 3~8cm **갓의 모양** 반구형~편평형 **갓의 표면** 갈색~황갈색 **갓의 점성** 있음 **대의 높이** 3~8cm **대의 모양** 원통형 **대의 표면** 연한 갈색 **식용 여부** 식용, 약용

한국의 버섯

뽕나무버섯

균심균류 | 주름버섯목 | 뽕나무버섯과

비가 내린 다음 날 대량 발생한다. 성장이 빨라 순식간에 성균이 되며, 썩는 것도 대단히 빠르다. 드물지만 나무를 고사시켜 큰 피해를 입히기도 한다. 표면은 옅은 노란색에서 황갈색, 또는 갈색 등으로 다양하고 중앙부에 미세한 인편이 있다. 식감이 좋아 국거리에 잘 어울리지만, 생식이나 과식하면 중독현상에 시달릴 수 있다.

발생 시기 여름~가을 **발생 장소** 활엽수, 침엽수의 고사목 **발생 형태** 군생, 총생 **갓의 지름** 3~15cm **갓의 모양** 반반구형~편평형 **갓의 표면** 황색~황갈색 **갓의 점성** 있음(습할 때) **대의 높이** 4~10cm **대의 모양** 원통형 **대의 표면** 황토색~연황색 **식용 여부** 식용

뽕나무버섯부치

균심균류 | 주름버섯목 | 송이버섯과

여름부터 가을 동안 활엽수의 고사목, 그루터기 또는 생목의 뿌리 주위에서 군생 또는 총생한다. 뽕나무버섯과 비슷하지만 갓의 크기가 작고, 보다 큰 다발로 발생하며 턱받이가 없다는 점에서 쉽게 식별할 수 있다. 조직이 질겨 소화가 잘 안되는 편이라 최소한 15분 이상 가열하고, 별 탈이 없으면 그때 식용여부를 결정하는 것이 좋다.

발생 시기 여름~가을 **발생 장소** 활엽수의 고사목, 그루터기 **발생 형태** 군생, 총생 **갓의 지름** 3~10cm **갓의 모양** 편평형~깔때기**형** **갓의 표면** 황갈색~담갈색 **갓의 점성** 없음 **대의 높이** 5~15cm **대의 모양** 원통형 **대의 표면** 백색~연황색 **식용 여부** 식용

비늘버섯

균심균류 | 주름버섯목 | 독청버섯과

여름부터 가을에 걸쳐 활엽수 또는 간간히 침엽수의 넘어진 나무나 고목 그루터기에서 더부룩하게 모여 발생한다. 갓은 성숙시 평반구형이 되며 가운데가 볼록해진다. 점성이 없는 표면은 적갈색의 인편으로 덮여 있다. 식용버섯이지만 유독 성분이 있어서 그날 컨디션이나 체질에 따라 위장장애를 일으킬 수있다. 유사한 버섯이 많아 특히 주의가 필요한 버섯이다.

발생 시기 여름~가을 **발생 장소** 활엽수, 침엽수의 고사목 **발생 형태** 속생 **갓의 지름** 1.5~5cm **갓의 모양** 반구형~편평형 **갓의 표면** 황색~적갈색 **갓의 점성** 없음 **대의 높이** 3~7cm **대의 모양** 원통형 **대의 표면** 황색~황갈색 **식용 여부** 식용(비추천)

금빛비늘버섯

균심균류 | 주름버섯목 | 독청버섯과

여름과 가을에 활엽수의 고사목에서 발생한다. 갓의 크기는 5~12cm로 반구형에서 편평형이 되며, 표면은 습할 때 점성이 있고 비늘버섯 특성대로 건조하면 광택이 난다. 식용할 때는 주름이 짙고 갈색이 되기 전의 갓 부분을 이용한다. 버섯 자루는 딱딱해서 소화시키기가 힘들다. 고약한 냄새가 나고 쓴맛이 있지만 다른 재료와 같이 조려 먹으면 먹을 만하다.

발생 시기 여름~가을 **발생 장소** 활엽수의 고사목, 그루터기 **발생 형태** 군생, 총생 **갓의 지름** 3~10cm **갓의 모양** 편평형~깔때기**형 갓의 표면** 황갈색~담갈색 **갓의 점성** 없음 **대의 높이** 5~15cm **대의 모양** 원통형 **대의 표면** 백색~연황색 **식용 여부** 식용

검은비늘버섯

균심균류 | 주름버섯목 | 주름버섯과

봄부터 가을까지 활엽수의 그루터기에서 3~12cm의 크기로 둥근 산형에서 편평형으로 자란다. 표면은 점성을 갖고 있으며 건조하면 광택이 있다. 식용보다는 약용으로 많이 쓰는데, 면역조절 물질 및 항암활성, 항종양 및 항균효과 등이 있는 것으로 알려져 있다. 약간의 독성이 있어 구토나 설사를 일으키므로 날 것으로 먹지 않는 것이 좋다.

발생 시기 봄~가을 **발생 장소** 숲, 풀밭의 땅 위 **발생 형태 산**생, 군생 **갓의 지름** 3~12cm **갓의 모양** 오목형~편평형 **갓의 표면** 황갈색 **갓의 점성 있**음 **대의 높이** 7~12cm **대의 모양** 원통형 **대의 표면** 연한 자색 **식용 여부** 식용, 약용

능이

균심균류 | 민주름버섯목 | 굴뚝버섯과

'향버섯'이라고도 부른다. 건조하면 나는 강한 향기는 맛있게 졸인 간장 냄새와 비슷하다. 오래 전부터 고급요리는 물론, 약으로 이용해 온 버섯으로, 육류를 먹고 체했을 때 소화제로 사용하기도 했다. 식용할 때는 건조한 버섯을 미지근한 물에 잿물이 모두 빠져 나올 때까지 담가 두도록 한다. 생식하면 구토나 어지러움 등의 중독 증상을 겪을 수 있다.

발생 시기 여름~가을 **발생 장소** 활엽수림의 땅 위 **발생 형태** 군생 **갓의 지름** 10~20cm **갓의 모양** 편평형~깔때기형,나팔형 **갓의 표면** 담갈색~흑갈색 **갓의 점성** 없음 **대의 높이** 3~6cm **대의 모양** 원통형 **대의 표면** 담적갈색 **식용 여부** 식용, 약용

송이

균심균류 | 주름살버섯목 | 송이과

가을에 강수량이 증가하고 땅속의 온도가 19도 이하로 떨어질 때 발생하는 것으로 알려져 있다. 적송림에서 주로 발생하지만 침엽수가 많은 숲에서도 볼 수 있다. 위장을 보호하며 혈압을 낮추고 신장기능을 높여 당뇨와 체내의 혈당을 낮추는 효능이 있다. 그러나 '송이 알레르기' 라는 것이 있어서 식용 후 과민성 쇼크를 일으켰다는 사례도 있다.

발생 시기 9월~10월 **발생 장소** 퇴적된 소나무 숲 **발생 형태** 산생, 군생 **갓의 지름** 9~20cm **갓의 모양** 반구형~편평형 **갓의 표면** 갈색 **갓의 점성** 없음 **대의 높이** 15~45cm **대의 모양** 원통형 **대의 표면** 백색 또는 갈색 **식용 여부** 식용, 약용

양송이

균심균류 | 주름살버섯목 | 주름버섯과

재배종이지만 드물게 자생하기도 한다. 늦봄부터 가을에 걸쳐 풀밭이나 길섶 등에서 볼 수 있다. '서양의 송이'라는 별명답게 유럽에서는 송이만큼 대접 받는다. 야생에서의 색은 재배용과는 달리 재색이며, 상처를 입으면 적갈색의 얼룩이 생긴다. 향기는 없지만 육질형이라 두껍고 단단하다. 재배용이라도 재색 버섯이 백색 버섯보다 맛과 향이 더 풍부하다.

발생 시기 여름~가을 **발생 장소** 잔디밭, 퇴비더미 **발생 형태** 다발 발생 **갓의 지름** 5~12cm **갓의 모양** 구형~편평형 **갓의 표면** 백색, 재색 **갓의 점성** 없음 **대의 높이** 1~3cm **대의 모양** 타원형 **대의 표면** 백색 **식용 여부** 식용

땅송이

균심균류 | 주름살버섯목 | 송이과

침엽수림이나 전나무 숲 속에서 군생하는데 눈에 잘 띄지는 않는다. 갓은 지름 4~8cm로 반구형에서 종형을 거쳐 볼록편평형이 되며, 표면에 점성은 없다. 갓의 색깔은 암회색을 띠지만 자라면서 갈회색으로 변한다. 외형적으로 지저분한 인상을 주지만, 의외로 잡내가 없고 향이 강하지 않아 버섯에 거부감이 있는 사람도 맛있게 먹을 수 있다.

발생 시기 여름~가을 **발생 장소** 침엽수림 내 땅 위 **발생 형태** 군생 **갓의 지름** 4~8cm **갓의 모양** 반구형~편평형 **갓의 표면** 회색~회갈색 **갓의 점성** 없음 **대의 높이** 4~8cm **대의 모양** 곤봉형 **대의 표면** 백색~회백색 **식용 여부** 식용

새송이

균심균류 | 주름살버섯목 | 느타리과

이름에 '송이'가 붙지만 느타리의 일종이다. 주로 유럽의 초원에서 발생하는 버섯으로, 우리나라에서는 자생하지 않기에 인공재배로 수요를 맞춘다. 육질이 두꺼워 씹는 맛이 좋고 다른 버섯에 비해 대가 굵고 길다. 물로 씻으면 맛이 떨어지기 때문에 물에 적신 키친타올로 얼룩을 닦거나 가볍게 털어내는 게 좋다.

발생 시기 여름~가을 **발생 장소** 주로 재배함 **발생 형태** 군생 **갓의 지름** 3~10cm **갓의 모양** 둥근공형~깔때기형 **갓의 표면** 백색~회갈색 **갓의 점성** 없음 **대의 높이** 3~10cm **대의 모양** 원통형 **대의 표면** 백색 **식용 여부** 식용

쓴송이

균심균류 | 주름살버섯목 | 송이과

이 버섯은 찾기가 매우 어렵다. 낙엽과 같은 보호색을 띠고 숲 속에 숨어 있기 때문이다. 하지만 주름살 둘레가 노란색으로 덮여 있기에 이것만 외워 두면 채취하기가 보다 수월해진다. 4cm 정도의 중소 버섯으로 습기가 있는 곳에서는 표면에 점성을 띠지만 마른 것도 많다. 비린내가 나고 쓴맛이 있으므로 충분히 우려낸 후 조리한다.

발생 시기 여름~가을 **발생 장소** 숲속의 땅 위 **발생 형태** 산생, 군생 **갓의 지름** 4~10cm **갓의 모양** 원추형~편평형 **갓의 표면** 황갈색~짙은 녹갈색 **갓의 점성** 있음(습할 때) **대의 높이** 5~13cm **대의 모양** 원통형 **대의 표면** 백색~황색 **식용 여부** 식용

목이

균심균류 | 목이버섯목 | 목이버섯과

이름 그대로 나무 위에서 귀처럼 자란다. 젤라틴질이라 습할 때는 유연하고 탄력성이 있으나, 건조하면 굳어지며 각질화된다. 향이 좋고 식감이 좋아 짬뽕에 빠지면 서운한 식재료이며, 물에 담그면 원상태로 되살아나는 특성이 있다. 채취할 때는 높은 산에서 채취하는 것이 좋다. 평지에서 나는 것은 고산 지대에서 나는 것보다 다소 딱딱하고 맛이 떨어진다.

발생 시기 여름~가을 **발생 장소** 활엽수의 고목 **발생 형태** 군생 **갓의 지름** 3~5cm **갓의 모양** 주발형 **갓의 표면** 연갈색~흑갈색 **갓의 점성** 있음 **대의 높이** 없음 **대의 모양** 없음 **대의 표면** 없음 **식용 여부** 식용, 약용

흰목이

균심균류 | 흰목이버섯목 | 흰목이버섯과

여름부터 가을에 걸쳐 나무의 수피가 갈라진 곳에서 나온다. 조직은 비교적 얇고 반투명하며 젤라틴 질이다. 처음 채취할 때는 부드럽지만 건조하면 수축되어 단단해진다. 양귀비도 즐겨 먹었다는 버섯으로, 중국에서는 '은이(銀耳)'라 하여 고급요리에 사용한다. 해초를 씹는 감촉을 느낄 수 있다.

발생 시기 여름~가을 **발생 장소** 활엽수의 고목 **발생 형태** 군생 **갓의 지름** 3~7cm **갓의 모양** 닭벼슬형 **갓의 표면** 백색 **갓의 점성** 있음(습할 때) **대의 높이** 없음 **대의 모양** 없음 **대의 표면** 없음 **식용 여부** 식용, 약용

털목이

균심균류 | 목이버섯목 | 목이버섯과

숲 속에 장맛비가 부슬부슬 내리기 시작하면 활엽수의 죽은 나뭇가지 위에서 하나 둘씩 발생하기 시작한다. 자실체의 크기가 목이보다 더 크다는 것과 전체에 털이 좀 더 현저하게 직립해 있다는 것 외에는 목이와 거의 같다. 맛은 없지만 목이보다 육질이두꺼워서 오독오독한 식감은 더 낫다. 오래 씻으면 맛이 떨어진다고 알려져 있지만 목이는 원래 맛이 없다.

발생 시기 여름~가을 **발생 장소** 활엽수의 고목 **발생 형태** 군생 **갓의 지름** 3~7cm **갓의 모양** 귀형 **갓의 표면** 갈색~흑갈색 **갓의 점성** 있음(습할 때) **대의 높이** 없음 **대의 모양** 없음 **대의 표면** 없음 **식용 여부** 식용, 약용

한국의 버섯

좀목이

균심균류 | 목이버섯목 | 흰목이버섯과

겨울에 마른 가지 위에서 꽤 많이 발견된다. 건조하면 얇고 단단해지기 때문에 비나 이슬에 흠뻑 젖어야 채취가 가능하다. 나뭇가지 위에서 이끼처럼 혹은 딱정벌레의 배설물처럼 자라기에 일반적으로 목이 같은 모양은 아니다. 맛 또한 오독오독 씹히는 목이 특유의 식감이 아니라, 일반 버섯의 식감과 비슷하다. 버섯 향도 없고 그저 그런 맛이다.

발생 시기 여름~가을 **발생 장소** 활엽수의 고사목 **발생 형태** 군생 **갓의 지름** 5~10cm **갓의 모양** 뇌형 , 닭벼슬형 **갓의 표면** 갈색~황갈색 **갓의 점성** 있음(습할 때) **대의 높이** 없음 **대의 모양** 없음 **대의 표면** 없음 **식용 여부** 식용, 약용

혓바늘목이

균심균류 | 목이버섯목 | 흰목이버섯과

주로 여름부터 가을 동안 침엽수림 내 썩은 나무 그루터기에서 하나씩 또는 무리지어 발생한다. 자실체의 모양은 부채꼴 또는 조개껍질형이며, 자실체 뒷면에 짧은 침상 돌기가 밀집해 있다. 이 모습을 보고 '고양이의 혀'라고 부르기도 한다. 중국에서 귀한 대접을 받으며 약용버섯으로 쓰인다지만, 맛은 그다지 강하지 않고 다만 식감이 재미있는 식균이다.

발생 시기 여름~가을 **발생 장소** 삼나무 생목 **발생 형태** 단생, 소수 군생 **갓의 지름** 2~5cm **갓의 모양** 조개껍질형 **갓의 표면** 백색~연갈색 **갓의 점성** 없음 **대의 높이** 없음 **대의 모양** 없음 **대의 표면** 없음 **식용 여부** **식**용, 약용

꽃흰목이

균심균류 | 목이버섯목 | 흰목이버섯과

쓰러진 활엽수의 고사목에서 카네이션과 같은 모양으로 발생한다. 흰목이와 매우 비슷하나 자실체 전체가 갈색을 띤다는 점에서 구별된다. 조직은 반투명한 젤라틴 질로, 담홍갈색 또는 적갈색이었다가 건조하면 흑갈색으로 변한다. 쫄깃쫄깃한 식감이 좋은 버섯이므로 살짝 삶아 다른 채소들과 함께 초무침이나 샐러드로 먹는 것이 가장 맛있게 먹는 방법이다.

발생 시기 여름~가을 **발생 장소** 활엽수 고사목 **발생 형태** 군생 **갓의 지름** 5~10cm **갓의 모양** 닭벼슬형 **갓의 표면** 갈색 **갓의 점성** 있음(습할 때) **대의 높이** 없음 **대의 모양** 없음 **대의 표면** 없음 **식용 여부** 식용, 약용

졸각버섯

균심균류 | 주름버섯목 | 송이버섯과

'살색깔대기버섯'이라고도 부른다. 모양과 색깔에 변이가 많은 버섯으로, 여름부터 가을 동안에 다양한 종류의 나무가 있는 숲속에서 군생한다. 물기가 있거나 습할 때는 물결 모양의 주름이 부채살처럼 펴지는 특성이 있다. 색상이 식욕을 돋우는 편은 아니지만 부드러운 향기와 쫄깃쫄깃한 식감으로 찌게나 볶음에 제법 어울리는 소형버섯이다.

발생 시기 여름~가을 **발생 장소** 임지내 지상 **발생 형태** 군생 **갓의 지름** 1~4cm **갓의 모양** 평반구형~오목편평형 **갓의 표면** 선홍색~담홍갈색 **갓의 점성** 없음 **대의 높이** 3~5cm **대의 모양** 원통형 **대의 표면** 선홍색~담홍갈색 **식용 여부** 식용

자주졸각버섯

균심균류 | 주름버섯목 | 송이버섯과

여름부터 가을까지 혼합림 내 지상 또는 도로변에 군생하는 외생균근형 성균이다. 어디든지 습한 장소라면 잘 자라며, 특히 척박한 토양의 습한 곳에서 자주 발생한다. 자실체 전체가 자주색인 반면, 주름살은 짙은 자주색이었다가 마르면 연한 회갈색으로 변한다. 달콤한 향기가 일품인 식용버섯으로, 맛이 상당히 좋다.

발생 시기 여름~가을 **발생 장소** 혼합림 내 땅 위 **발생 형태** 군생 **갓의 지름** 1.5-3cm **갓의 모양** 둥근 산형~오목편평형 **갓의 표면** 자주색 **갓의 점성** 없음 **대의 높이** 2~7cm **대의 모양** 원통형 **대의 표면** 자주색 **식용 여부** 식용

보라발졸각버섯

균심균류 | 주름버섯목 | 송이버섯과

식물과 공생하는 버섯이며, 종종 자실체의 색깔이 뚜렷하지 않은 경우도 있다. 목초지나 풀밭의 소변 냄새가 진동하는 곳이나 동물의 배설물, 곤충이 썩어서 분해되는 장소에서 발생한다. 발생하는 곳의 암모니아 냄새와는 별개로 어린 개체에서는 상쾌한 향기가 난다. 졸각버섯 대부분이 식용버섯이지만, 이 버섯은 모으기도 쉽지 않고 맛도 보통이다.

발생 시기 여름~가을 **발생 장소** 목초지, 풀밭 등의 땅 위 **발생 형태** 산생, 군생 **갓의 지름** 3~6cm **갓의 모양** 평반구형~중앙오목편평형 **갓의 표면** 황갈색~적갈색 **갓의 점성** 없음 **대의 높이** 3~8cm **대의 모양** 원통형 **대의 표면** 황갈색~적갈색 **식용 여부** 식용

노란주걱혀버섯

균심균류 | 붉은목이목 | 붉은목이과

봄부터 가을까지 침엽수의 고목 위에서 목이가 발생하는 주변에 함께 나타난다. 만지면 목이처럼 오독오독한 연골 같은 느낌이다. 독버섯인냥 진노랑색을 뽐내지만, 붉은목이과 버섯은 독버섯이 드물기 때문에 위험하지는 않다. 조직은 의외로 단단한 편이고 건조하면 한쪽이 백색으로 변색된다. 식용버섯이라고 기재되어있지만 자실체가 워낙 작아 식용가치는 없다.

발생 시기 봄~가을 **발생 장소** 침엽수의 나무 위 **발생 형태** 군생 **자실체의 지름** 0.5~1.5cm **자실체의 모양** 주걱형~부채형 **자실체의 표면** 진황색 **자실체의 점성** 있음 **대의 높이** 없음 **대의 모양** 없음 **대의 표면** 없음 **식용 여부** 식용(비추천)

한국의 버섯

소혀버섯

균심균류 | 주름버섯목 | 소혀버섯과

아무리 봐도 버섯으로 보이지 않고 피를 머금은 소의 간처럼 보인다. 초여름부터 활엽수의 가지나 그루터기에서 단생 또는 군생하는 지름 20cm가 넘는 대형버섯이다. 소의 장기를 닮은 적색 모양의 단면을 절단하면 신맛이 나는 붉은 액체가 배어 나온다. 이 쌉싸름하면서도 식초처럼 신맛을 즐기기 위해 이탈리아에서는 얇게 썰어 생으로 먹는 경우도 있다고 한다.

발생 시기 여름~가을 **발생 장소** 활엽수 생목 그루터기 **발생 형태** 단생, 군생 **갓의 지름** 10~20cm **갓의 모양** 부채형~소 혀 모양 **갓의 표면** 적홍색 **갓의 점성** 있음 **대의 높이** 없음 **대의 모양** 없음 **대의 표면** 없음 **식용 여부** 식용

나팔버섯

균심균류 | 민주름버섯목 | 나팔버섯과

여름부터 가을까지 침엽수림 또는 혼합림 내의 지상에서 단생 또는 군생한다. 우리나라에서는 식용버섯으로 분류하고 있지만, 일본에서는 독버섯으로 규정하는 버섯이다. 소화불량을 일으키는 독성이 있기에 경우에 따라 복통과 설사를 할 수도 있으므로 반드시 데친 물은 버리고 들기름과 함께 요리하면 맛있게 먹을 수 있다.

발생시기 여름~가을 **발생 장소** 침엽수림의 땅 **발생 형태** 군생 **갓의 지름** 4~12㎝ **갓의 모양** 뿔피리형~깔때기형 **갓의 표면** 황토색 **갓의 점성** 없음 **대의 높이** 10~20 **대의 모양** 원통형 **대의 표면** 적색**식용 여부** 식용

황금뿔나팔버섯

균심균류 | 민주름버섯목 | 꾀꼬리버섯과

'황금나팔꾀꼬리버섯'이라고도 한다. 소나무숲의 땅 위에 군생하는 작고 아름다운 버섯이다. 갓 표면은 섬유상 인편과 주름이 방사상으로 배열되어 있으며, 갓 끝과 주변에는 거친 섬유상 잔털이 현저하게 나 있다. 살구와 비슷한 향이 나고 맛이 달아서 된장국이나 무침, 또는 버터로 살짝 볶아 먹으면 맛있다. 부패가 빠른 버섯이므로 건조하면 바로 저장하도록 한다.

발생 시기 여름~가을 **발생 장소** 침엽수림의 땅 위 **발생 형태** 군생 **갓의 지름** 1~3cm **갓의 모양** 오목평반구형~얕은 깔때기형 **갓의 표면** 백색~담황색 **갓의 점성** 없음 **대의 높이** 2~5cm **대의 모양** 원통형 **대의 표면** 백색~담황색 **식용 여부** 식용

뿔나팔버섯

균심균류 | 민주름버섯목 | 뿔나팔버섯과

여름이 시작되면서부터 혼합림 내의 지상에서 단생 또는 소수 군생한다. 발견하기가 쉽지 않고 나팔 모양의 갓이 흑색이라 처음 마주치면 불쾌하고 칙칙해 보인다. 그러나 만져 보면 의외로 부드러운 느낌이다. 우리나라에서는 그다지 인기가 없지만, 부드럽고 맛이 좋아 유럽에서 스프와 생선요리에 즐겨 사용하는 버섯이다.

발생 시기 여름~가을 **발생 장소** 숲속의 부엽토 위 **발생 형태** 단생 **갓의 지름** 1~5cm **갓의 모양** 나팔모양깊은 깔때기모양 **갓의 표면** 회색~회갈색 **갓의 점성** 없음 **대의 높이** 5~10cm **대의 모양** 없음 **대의 표면** 회색~회갈색 **식용 여부** 식용

깔때기버섯

균심균류 | 주름버섯목 | 송이버섯과

서 있는 모습이 꼭 와인잔이다. 여름부터 가을에 걸쳐 혼합림 내의 낙엽이 많이 쌓인 곳에서 주로 발생하며, 움푹 들어간 갓 가운데에 작은 돌기가 나 있다. 조직은 얇고 향기는 부드럽다. 예전부터 식용되어 온 버섯이지만 최근 유독 성분이 확인되었기에 대량 섭식은 피하고 반드시 충분히 익혀서 식용하도록 한다.

발생 시기 여름~가을 **발생 장소** 낙엽, 풀밭, 돌 틈 **발생 형태** 산생, 군생 **갓의 지름** 3~10m **갓의 모양** 오목평반구형~ 깔때기형 **갓의 표면** 담황갈색~담적갈색 **갓의 점성** 없음 **대의 높이** 2.5~5cm **대의 모양** 원통형 **대의 표면** 담황갈색 **식용 여부** 식용

하늘색깔때기버섯

균심균류 | 주름버섯목 | 송이버섯과

여름부터 가을까지 각종 나무가 있는 숲속 지상에서 발생한다. 크게 군생하는 경우는 별로 없다. 조직은 비교적 얇은 육질형이며, 매화꽃 향기를 닮은 독특한 향취가 있다. 갓은 지름 3~8cm로 반구형에서 오목편평형이 된다. 주로 독특한 향이 필요한 요리에 이용하는데, 가열하면 점액이 강해져서 사람에 따라 호불호가 갈린다.

발생 시기 여름~가을 **발생 장소** 혼합림 발생 **형태** 단생, 소수 군생 **갓의 지름** 3~8cm **갓의 모양** 반구형~오목편평형 **갓의 표면** 회록색~회청록색 **갓의 점성** 없음 **대의 높이** 3~7cm **대의 모양** 원통형 **대의 표면** 연한 청색 **식용 여부** 식용

한국의 버섯

조각무당버섯

균심균류 | 주름버섯목 | 무당버섯과

여름부터 가을에 걸쳐 활엽수림 내 땅 위에서 단생 또는 군생한다. 색상은 변화의 폭이 있지만 대부분은 와인색을 띤 엷은 보라색이다. 지름 6~7cm 정도의 중형버섯으로, 갓 표면은 습할 때는 약간 점성이 생기며 종종 표피가 갈라지거나 조직이 노출된다. 식용버섯이지만 향기도 없고 맛은 기대하지 않는 것이 좋다.

발생 시기 여름~가을 **발생 장소** 활엽수림 내 땅 위 **발생 형태** 단생, 군생 **갓의 지름** 6~7cm **갓의 모양** 반구형~오목형 **갓의 표면** 갈적색~자갈색 **갓의 점성** 있음(습할 때) **대의 높이** 4~7cm **대의 모양** 원통형 **대의 표면** 연한 백색 **식용 여부** 식용

청머루무당버섯

균심균류 | 주름버섯목 | 무당버섯과

'색갈이갓버섯'이라고도 한다. 여름부터 활엽수림의 지상, 특히 참나무 숲과 자작나무 숲에서 발생한다. 갓머리의 색 변화가 심해서 보라색, 옅은 적색, 청색, 또는 올리브색으로 다양한 색을 띤다. 특별한 냄새는 없고 약간 매운 맛이 난다. 끓이면 좋은 국물이 나오기에 일본이나 유럽에서는 선호하는 버섯이다.

발생 시기 여름~가을 **발생 장소** 활엽수림(특히 참나무 숲) 땅 위 **발생 형태** 산생 **갓의 지름** 6~10cm **갓의 모양** 반구형~오목편평형 **갓의 표면** 다양한 색 **갓의 점성** 있음(습할 때) **대의 높이** 4~5cm **대의 모양** 원통형 **대의 표면** 백색 **식용 여부** **식용**

푸른주름무당버섯

균심균류 | 주름버섯목 | 무당버섯과

'흰무당버섯'이라고도 한다. 실제로 주름 상단에 밝은 청록색을 띤다. 여름부터 가을에 걸쳐 침엽수 및 활엽수 내 지상에서 발생한다. 갓 모양이 초기에는 안쪽으로 굽어 있으며, 거의 대를 싸고 있으나 성장하면 끝이 펴지며 깔때기형으로 된다. 매운 맛이 있지만 식용할 수 있다. 독버섯인 '흰무당버섯아재비'와 비슷하므로 주의해야 한다.

발생 시기 여름~가을 **발생 장소** 침엽수림과 활엽수림 **발생 형태** 산생 **갓의 지름** 4~10cm **갓의 모양** 반구형~깔때기형 **갓의 표면** 흰색~황토색 **갓의 점성** 없음 **대의 높이** 3~5cm **대의 모양** 원통형 **대의 표면** 흰색~담갈색 **식용 여부** 식용

홍색애기무당버섯

균심균류 | 주름버섯목 | 무당버섯과

예전에는 냄새무당버섯으로 불렀던 적도 있다. 여름부터 가을에 주로 침엽수와 활엽수림 내의 습지에서 발생한다. 갓의 표면은 적색인데 중앙부터 자적색이었다가 올리브 색으로 변한다. 조직은 비교적 얇고 부드러운 편이다. 몹시 매운 맛이 있고 독버섯인 '홍자색애기무당버섯'과 혼동할 우려가 있으므로 채취하지 않는 것이 좋다.

발생 시기 여름~가을 **발생 장소** 침엽수, 활엽수림의 습지 **발생 형태** 산생 또는 군생 **갓의 지름** 2~4cm **갓의 모양** 둥근산형~편평형 **갓의 표면** 자홍색 **갓의 점성** 없음 **대의 높이** 3~6cm **대의 모양** 원통형 **대의 표면** 흰색 **식용 여부** 식용(비추천)

가지무당버섯

균심균류 | 주름버섯목 | 무당버섯과

자줏빛 와인색깔이 아주 그윽하다. 여름부터 초가을에 걸쳐 활엽수림 내 땅 위에 발생하는 지름 2~5cm 정도의 소형 버섯이다. 갓 표면은 습할 때 점성이 있고, 반구형이었다가 점차 편평형으로 변한다. 연한 조직을 손으로 자르면 생선 비슷한 고약한 냄새가 나지만, 다른 무당버섯과 달리 맵지 않아서 식용할 수 있다. 생식은 금한다.

발생 시기 여름~가을 **발생 장소** 활엽수림 내 **발생 형태** 산생, 군생 **갓의 지름** 2~5cm **갓의 모양** 반구형~편평형 **갓의 표면** 자색~적자색 **갓의 점성** 있음(습할 때) **대의 높이** 2~4cm **대의 모양** 원통형 **대의 표면** 분홍색~담자색 **식용 여부** 식용

혈색무당버섯

균심균류 | 주름버섯목 | 무당버섯과

'장미무당버섯'이라고도 한다. 처음엔 호빵모양이었다가 자라면서 점점 편평하게 된다. 갓 표면은 선명한 혈적색이지만 오래되면 다소 퇴색하며 습할 때는 점성으로인한 광택이 난다. 표피는 거의 벗겨지지 않는데, 표피가 잘 벗겨지는 '냄새무당버섯'과 비교가 되는 부분이니 채집할 때는 반드시 유념해야 한다. 매운 맛이 나지만 식용할 수 있다.

발생 시기 여름~가을 **발생 장소** 소나무 임내 모래땅 **발생 형태** 군생 **갓의 지름** 4-10cm **갓의 모양** 반구형~편평형 **갓의 표면** 혈적색~분홍색 **갓의 점성** 있음(습할 때) **대의 높이** 3~6cm **대의 모양** 원통형 **대의 표면** 흰색~담홍색 **식용 여부** 식용

싸리버섯

균심균류 | 민주름버섯목 | 싸리버섯과

갓 형태가 싸리나무 빗자루와 비슷해서 생겨난 이름이다. 가을이 시작되면 활엽수림, 특히 너도밤나무 숲의 지상에서 대량으로 발생한다. 부드럽고 향기 좋은 버섯이지만 우려낸 후 식용하여야 한다. 채취시기는 9월 초가 가장 좋다. 다양한 싸리버섯 중 노랑싸리, 붉은싸리는 설사, 구토, 복통을 일으키는 독버섯이니 조심해야 한다.

발생 시기 가을 **발생 장소** 활엽수림, 너도밤나무 위 **발생 형태** 단생, 군생 **자실체의 높이** 6~15cm **자실체의 지름** 3~5cm **자실체의 모양** 산호형 **자실체의 표면** 담분홍색 **자실체의 점성** 없음 **식용 여부** 식용

좀나무싸리버섯

균심균류 | 민주름버섯목 | 싸리버섯과

매년 침엽수, 특히 썩은 소나무의 중간 정도에서 빠짐없이 발생하기에 찾는 수고가 필요하지 않은 버섯이다. 조직은 옅은 황토색이나 상처를 입으면 서서히 변하며, 최종적으로 흑색으로 된다. 육질이 부드러워서 삶거나 졸임, 볶음, 된장국 등에 부재료로 넣어 먹는다. 과식하거나 생식하면 설사를 일으킬 수 있다. 맛있다고는 할 수 없다.

발생 시기 여름~가을 **발생 장소** 침엽수의 썩은 나무, 그루터기 위 **발생 형태** 군생 **자실체의 높이** 5~13cm **자실체의 지름** 2~5cm **자실체의 모양** 왕관형 **자실체의 표면** 담황갈색~적갈색 **자실체의 점성** 없음 **식용 여부** 식용

붉은창싸리버섯

균심균류 | 민주름버섯목 | 국수버섯과

콩나물 또는 산호 같은 모습이 꽤 특징적이다. 가을에 침엽수림, 특히 적송림 내 지상에서 종종 수백 개의 개체가 무리지어 발생하기도 한다. 외형은 국수버섯과 흡사하지만 오렌지색, 적색, 홍적색 등 자실체의 색깔 변화가 매우 크다. 국내에서는 다소 드물게 발생하는 편이며, 국수버섯처럼 식용할 수는 없다.

발생 시기 여름~가을 **발생 장소** 혼합림의 땅 **발생 형태** 군생 **자실체의 높이** 5~14cm **자실체의 지름** 0.3~1cm **자실체의 모양** 긴 방추형 **자실체의 표면** 주홍색 **자실체의 점성** 없음 **식용 여부** 식독불명

자주싸리국수버섯

균심균류 | 민주름버섯목 | 국수버섯과

'보라빛싸리버섯'이라고도 부른다. 늦여름부터 산림 내 지상에서 가락국수 모양으로 발생하지만 발생량은 그리 많지 않다. 또 사진으로는 크게 보일지 몰라도 그리 크지 않다. 자실체 색상은 옅은 보라색었다가 나중에 퇴색하며, 조직은 비교적 취약해서 잘 부서지는 편이다. 육질이 물러 식감은 기대하지 않는 편이 좋다. 식용버섯이다.

발생 시기 여름~가을 **발생 장소** 숲 속의 땅 **발생 형태** 다발 군생 **자실체의 높이** 1.5~7.5cm **자실체의 지름** 2~3cm **자실체의 모양** 사슴뿔형 **자실체의 표면** 회색, 자갈색, 포도주색 **자실체의 점성** 없음 **식용 여부** 식용

흰국수버섯

균심균류 | 민주름버섯목 | 국수버섯과

누가 지었는지는 몰라도 정말 멋진 작명 감각이다. 숲속에서 발견하면 소면처럼 가늘어서 건드리면 곧 부러질 것 같아 보인다. '국수버섯'에서 개칭된 이름으로, 늦여름부터 가을에 걸쳐 혼합림 내 지상에서 다수 속생 또는 총생한다. 자실체는 국수 모양으로 표면에 백색을 띠며 종종 끝 부분이 옅은 황색을 띤 것도 있다. 식용버섯이나 맛은 기대할 게 없다.

발생 시기 여름~가을 **발생 장소** 숲 속의 땅 위 **발생 형태** 군생 **자실체의 높이** 5~13cm **자실체의 지름** 0.2~0.4cm **자실체의 모양** 가는 방추형 **자실체의 표면** 백색~담황색 **자실체의 점성** 없음 **식용 여부** 식용

자주국수버섯

균심균류 | 민주름버섯목 | 국수버섯과

만지자마자 부서질 것 같은 형상은 모든 국수버섯들의 공통된 특징이다. 가을에 침엽수, 특히 적송림 내 지상에서 하나씩 솟아오르다가 수백개의 개체가 함께 무리지어 발생한다. 처음에는 아름다운 자색을 띠지만 성장하면서 퇴색하며, 채취했더라도 육질이 무르고 씹는 맛이 없기 때문에 식용하기에는 다소 어려움이 있다.

발생 시기 가을 **발생 장소** 혼합림 내 땅 위 **발생 형태** 군생 **자실체의 높이** 1.5~5cm **자실체의 지름** 2.5~12cm **자실체의 모양** 가는 방추형 **자실체의 표면**회자색~자색 **자실체의 점성** 없음 **식용 여부** 식용

가죽밤그물버섯

균심균류 | 주름버섯목 | 귀신그물버섯과

드물게 발생하는 중형버섯 중의 하나로, 실제 봤을 때의 아름다움은 사진으로는 표현할 수가 없다. 여름부터 산림 내 그루터기 또는 그 주위에서 소수 군생한다. 갓과 대는 짙은 포도주색을 띠며, 두꺼운 표피가 갈라져 국화꽃 모양을 이룬다. 조직은 노랗고 속이 단단해 보이지만, 의외로 부서지기 쉬워서 채취할 때 주의를 기울여야 한다.

발생 시기 여름~가을 **발생 장소** 활엽수림, 혼합림 내 땅 위 **발생 형태** 단생 , 소수 군생 **갓의 지름** 4~11cm **갓의 모양** 반구형~평반구형 **갓의 표면** 담홍색~담홍갈색 **갓의 점성** 없음 **대의 높이** 7~10cm **대의 모양** 원통형 **대의 표면** 담홍색 **식용 여부** 식용

한국의 버섯

가지색그물버섯

균심균류 | 주름버섯목 | 그물버섯과

'흑자색그물버섯'이라고도 한다. 여름부터 가을에 걸쳐 활엽수림 또는 참나무류와 소나무류의 혼합림 내 지상에서 단생 또는 소수 군생한다. 갓의 표면은 울퉁불퉁해서 상처 시에도 변색하지 않지만, 색깔 변화가 매우 큰 편이라 식별에 어려움을 겪을 수도 있다. 식용버섯으로 씹는 맛과 단맛이 어우러진 아주 맛있는 버섯이다.

발생 시기 여름~가을 **발생 장소** 활엽수림 **발생 형태** 단생 또는 군생 **갓의 지름** 5~9cm **갓의 모양** 반구형~평반구형 **갓의 표면** 자색~암자색 **갓의 점성** 없음 **대의 높이** 7~9cm **대의 모양** 원통형 **대의 표면** 갈색~암자색 **식용 여부** 식용

한국의 버섯

갈색산그물버섯

균심균류 | 그물버섯목 | 그물버섯과

외모처럼 단단한 버섯이다. '갈색그물버섯'이라고도 하며 여름부터 가을까지 활엽수림의 땅 위에서 밤색, 또는 초콜릿색으로 발생한다. 큰 것은 대략 12cm가 넘는 크기로 발생하는데, 어릴 때는 둥근산형이었다가 거의 편평형으로 된다. 습할 때는 점성이 있으나 자라면서 건조되며, 식용할 때는 약간의 독성이 있으니 주의해야 한다.

발생 시기 여름~가을 **발생 장소** 활엽수림의 땅 위 **발생 형태** 단생 **갓의 지름** 8~12cm **갓의 모양** 반구형~편평형 **갓의 표면** 흑자색 **갓의 점성** 있음(습할 때) **대의 높이** 7~9cm **대의 모양** 원통형 **대의 표면** 암자색 **식용 여부** 식용

비단그물버섯

균심균류 | 주름버섯목 | 그물버섯과

중형버섯으로 늦여름부터 가을에 걸쳐 침엽수, 특히 소나무 숲의 지상에서 산생 또는 군생한다. 갓 모양은 반구형이었다가 위가 평평한 둥근산형이 되며, 젤라틴질로 이루어진 표면에선 강렬한 점액이 줄줄 흘러 내린다. 맛과 향기가 근사한 식용버섯으로, 다량 섭취할 경우 드물게 가벼운 소화불량증상을 겪기도 한다. 찌개나 무침 등의 조리법을 추천한다.

발생 시기 늦여름~가을 **발생 장소** 소나무 숲 **발생 형태** 산생, 소수 군생 **갓의 지름** 3~9cm **갓의 모양** 반구형~둥근산형 **갓의 표면** 암적갈색 **갓의 점성** 있음 **대의 높이** 4~7cm **대의 모양** 원통형 **대의 표면** 황백색~암갈색 **식용 여부** 식용

황소비단그물버섯

균심균류 | 주름버섯목 | 그물버섯과

여름이 채 시작되기 직전부터 소나무 숲의 지상에서 발생하며, 종종 무리지어 군생하기도 한다. 생각보다 매우 흔하게 발견할 수 있는데, 소나무 뿌리와 균근을 형성하는 것으로 알려져 있다. 갓 아랫면의 관공 부위는 부패하기 쉬워서 떼어내고 요리하는 것이 바람직하다. 육질이 매우 두껍고 미세한 흰색을 띠다가도 가열하면 적자색으로 변화한다.

발생 시기 늦봄~가을 **발생 장소** 소나무 숲 **발생 형태** 산생, 군생 **갓의 지름** 4~11cm **갓의 모양** 원추형~편평형 **갓의 표면** 황갈색~황토색 **갓의 점성** 있음 **대의 높이** 3~8cm **대의 모양** 원통형 **대의 표면** 황갈색~황토색 **식용 여부** 식용

큰비단그물버섯

균심균류 | 주름버섯목 | 그물버섯과

채취할 때 우선적으로 선택되는 버섯이다. 버섯 전체에서 진한 송진 냄새가 난다. 여름부터 가을까지 낙엽송림 내의 땅 위에서 다양한 크기로 발생하며, 표면은 유균일 때나 습할 때 젤라틴질로 진하게 덮인다. 이 버섯은 군생하기 때문에 한번에 많은 양을 기대할 수 있다. 또, 이 버섯이 나오기 시작하면 본격적인 버섯 시즌이 시작되는 신호로 여긴다고 한다.

발생 시기 여름~가을 **발생 장소** 낙엽송림의 땅 위 **발생 형태** 군생 **갓의 지름** 4~15cm **갓의 모양** 원추형~편평형 **갓의 표면** 황색~적황색 **갓의 점성** 있음(습할 때) **대의 높이** 4-12cm **대의 모양** 원통형 **대의 표면** 황색~갈색 **식용 여부** 식용

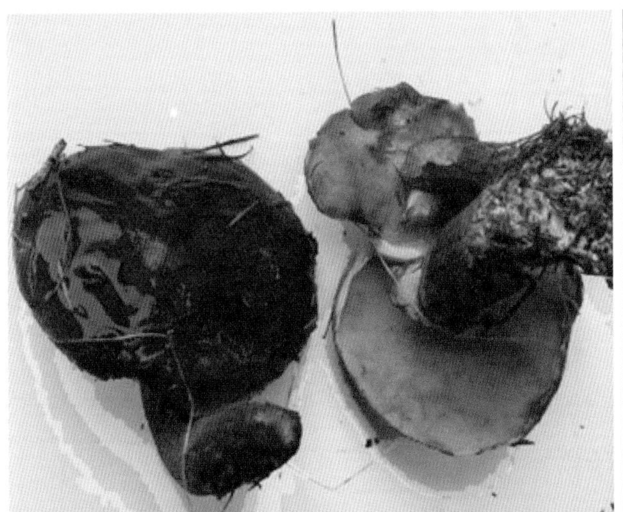

젖비단그물버섯

균심균류 | 주름버섯목 | 그물버섯과

어린 버섯은 관공 부분에서 노란 유액을 분비한다. 만져 보면 알 수 있다. 매우 점성이 강해 심하게 끈적거리고, 때때로 가벼운 피부염을 일으키기도 한다. 여름부터 주로 소나무가 자라는 숲의 지상에서 발생하며, 부드럽고 과일 향을 닮은 분취를 솔솔 풍긴다. 찌개나 조림으로 이용 할 수 있지만 체질에 따라 중독을 일으키기도 한다. 끓이면 다소 신맛이 강해진다.

발생 시기 여름~가을 **발생 장소** 소나무 숲 위 **발생 형태** 군생 **갓의 지름** 3~10cm **갓의 모양** 반구형~ 둥근산형 **갓의 표면** 밤갈색~황색 **갓의 점성** 있음(습할 때) **대의 높이** 5~6cm **대의 모양** 원통형 **대의 표면** 황색 **식용 여부** 식용

붉은비단그물버섯

균심균류 | 주름버섯목 | 그물버섯과

여름이 막 시작될 무렵부터 소나무, 잣나무 등 침엽수 임지에서 산생 또는 군생한다. 갓 표면은 농적색 또는 자적색에서 담갈색이 되며, 섬유상 인편이 있고 습할 때는 끈적한 점성이 생긴다. 부드러운 식감을 가진 식용버섯으로 맛이 괜찮다. 갓 뒷면의 관공에서 나오는 흰 유액이 상처를 입으면 보라색으로 변하는 특징을 가졌다.

발생 시기 여름~가을 **발생 장소** 침엽수림 **발생 형태** 군생 **갓의 지름** 3~10cm **갓의 모양** 둥근 산형~ 편평형 **갓의 표면** 자적색~담황색 **갓의 점성** 있음(습할 때) **대의 높이** 5~10cm **대의 모양** 원통형 **대의 표면** 담황색 **식용 여부** 식용

황금비단그물버섯

균심균류 | 주름버섯목 | 그물버섯과

무게감 있는 외형과는 달리 만져보면 꽤 가볍다. '황금그물버섯'이라고도 하며, 가을 무렵 침엽수림의 지상에서 발생한다. 붉은비단그물버섯과 매우 흡사하나 갓 가장자리에 두른 노란 테로 구분할 수 있다. 육질은 대부분 흰색을 띠지만 노란색을 띠고 있는 것도있다. 두껍지만 부드러운 촉감을 주며, 씹는 맛이 강해 독특한 식감을 즐길 수있는 버섯이다.

발생 시기 가을 **발생 장소** 높은 산의 침엽수림 **발생 형태** 단생, 군생 **갓의 지름** 3~9cm **갓의 모양** 평반구형 **갓의 표면** 황갈색~적갈색 **갓의 점성** 없음 **대의 높이** 5~8cm **대의 모양** 원통형 **대의 표면** 황갈색 **식용 여부** 식용

접시껄껄이그물버섯

균심균류 | 주름버섯목 | 그물버섯과

'껄껄이그물버섯'이라고도 한다. 여름부터 참나무가 많은 활엽수림에서 대형 또는 초대형으로 발생한다. 갓은 건조하거나 성숙하면 표면이 갈라져 속살을 다 내비치고, 습하면 약간 점성을 띤다. 특유의 향이 있으며 보기와 다르게 맛이 아주 좋다. 튀김으로 만들면 맥주에 어울리는 좋은 안줏감이 된다. 하지만 벌레가 잘 붙는 버섯이라서 채취할 때 주의가 필요하다.

발생 시기 여름~가을 **발생 장소** 참나무 숲속의 땅 위 **발생 형태** 단생 **갓의 지름** 7~25cm **갓의 모양** 반구형~편평형 **갓의 표면** 황토색~갈등색 **갓의 점성** 있음 **대의 높이** 4~15cm **대의 모양** 원통형 **대의 표면** 황색~적황색 **식용 여부** 식용

털귀신그물버섯

균심균류 | 주름버섯목 | 귀신그물버섯과

여름부터 가을에 걸쳐 혼합림 내 지상에서 발생한다. 성장 초기에는 표면이 편평하지만 곧 무수한 꽃잎형 돌기가 형성되면서 솔방울 모양을 이룬다. 천연수지 향기를 풍기는 매력적인 버섯이지만, 부패가 빠르니 채취할 때는 서둘러야 한다. 씹는 맛이 아삭하고 감칠맛이 있어 어떤 요리와도 잘 맞는다. 검은 물이 계속 나오므로 여러번 헹궈서 이용해야 한다.

발생 시기 여름~가을 **발생 장소** 숲속의 부식토, 풀밭 **발생 형태** 단생, 군생 **갓의 지름** 2~5cm **갓의 모양** 구형 **갓의 표면** 백색~황갈색 **갓의 점성** 없음 **대의 높이** 없음 **대의 모양** 없음 **대의 표면** 없음 **식용 여부** 식용, 약용

마른그물버섯

균심균류 | 주름버섯목 | 그물버섯과

'마른산그물버섯'이라고도한다. 여름부터 가을 동안에 활엽수림 또는 침엽수림 내 지상 또는 산 길가에서 산생 또는 소수 군생한다. 갓 표면은 건성이며 점성이 없고 융단처럼 매끄럽다. 조직의 표피 아래는 담홍색이지만, 상처를 입으면 청색으로 변하기도 한다. 식용가능한 버섯이며 지역에 따라 색깔 편차가 있다.

발생 시기 여름~가을 **발생 장소** 활엽수림의 땅 **발생 형태** 단생, 군생 **갓의 지름** 3~10cm **갓의 모양** 구형 **갓의 표면** 회갈색~암갈색 **갓의 점성** 없음 **대의 높이** 4~7cm **대의 모양** 원통형 **대의 표면** 적색~암적색 **식용 여부** 식용, 약용

한국의 버섯

피젖버섯

균심균류 | 주름버섯목 | 무당버섯과

주름살에 상처를 주면 다른 젖버섯 종류와는 달리 청록색으로 변하는 특징을 가졌다. 여름부터 가을까지 잡목림의 지상에서 단생 또는 소수 군생하며, 대략 5~10cm의 크기로 반구형에서 편평형을 거쳐 깔때기형이 된다. 어릴 때 갓 표면에 있는 미분은 시간이 경과하면 탈락한다. 맛이 괜찮은 식용버섯으로, 유사한 버섯으로는 '젖버섯아재비'와 '붉은젖버섯'이 있다.

발생 시기 여름~가을 **발생 장소** 침엽수림 **발생 형태** 군생 **갓의 지름** 5~10cm **갓의 모양** 둥근산형~ 편평형 **갓의 표면** 등황색~등적색 **갓의 점성** 있음(습할 때) **대의 높이** 3~5cm **대의 모양** 원통형 **대의 표면** 연한 등적색 **식용 여부** 식용

넓은갓젖버섯

균심균류 | 주름버섯목 | 무당버섯과

여름부터 가을에 걸쳐 활엽수 또는 침엽수림의 지상에서 발생한다. 갓 표면은 미세한 융단상의 털이 있으나 쉽게 소실되며 종종 잔주름이 생긴다. 갓 표면에 상처를 내면 하얀 유액이 다량 흘러나오는데, 젖버섯들이 분출하는 유액은 거의 무미 무취하고 무해하다. 먹을 만한 식용버섯으로, 육질은 다른 젖버섯류보다 부드럽지만 진한 국물은 나오지 않는다.

발생 시기 여름~가을 **발생 장소** 숲속의 땅 위 **발생 형태** 단생, 군생 **갓의 지름** 3~9cm **갓의 모양** 평반구형 **갓의 표면** 담갈황색~황갈색~등갈색 **갓의 점성** 없음 **대의 높이** 2.5~5cm **대의 모양** 원통형 **대의 표면** 옅은 황갈색 **식용 여부** 식용

젖버섯아재비

균심균류 | 주름버섯목 | 무당버섯과

늦여름부터 가을에 주로 적송림 내 지상에서 단생 또는 소수 군생한다. 지름 4~12cm 정도의 크기로 처음에는 평반구형이었다가 가운데가 오목한 깔때기 모양이 된다. 갓 표면은 습기가 있을 때는 점성이 조금 있고, 상처를 입으면 유액이 흘러 청록색으로 변색하기 때문에 자실체에 청록색의 얼룩이 진다. 향이 좋고 푹 끓이면 달콤한 국물이 나오는 맛 좋은 식용버섯이다.

발생 시기 여름~가을 **발생 장소** 침엽수림, 소나무 숲의 땅 **발생 형태** 군생 **갓의 지름** 4~12cm **갓의 모양** 평반구형~오목깔때기형 **갓의 표면** 담적갈색~황적갈색 **갓의 점성** 있음(습할 때) **대의 높이** 2~6 cm **대의 모양** 원통형 **대의 표면** 담적갈색 **식용 여부** 식용

붉은젖버섯

균심균류 | 주름버섯목 | 무당버섯과

늦여름부터 가을에 걸쳐 혼합림 내 지상에서 산생한다. 주름살에 상처를 내면 오렌지 색의 유액이 다량으로 분출되는데, 다른 젖버섯들과는 달리 유액은 시간이 경과해도 변하지 않는다. 주름살은 내린 주름살형으로 빽빽하고 좁으며, 성장하면 갓보다 짙은 등황색을 띤다. 향기는 별로지만 맛은 부드러운 편이다.

발생 시기 늦여름~가을 **발생 장소** 혼합림의 땅 위 **발생 형태** 산생 **갓의 지름** 4~15cm **갓의 모양** 반구형~깔때기형 **갓의 표면** 등황색 **갓의 점성** 있음 **대의 높이** 3.5~9cm **대의 모양** 원통형 **대의 표면** 등황색 **식용 여부** 식용

갈색쥐눈물버섯

균심균류 | 주름버섯목 | 먹물버섯과

'갈색먹물버섯'에서 속이 바뀌어서 개칭된 이름이다. 폭 1~4cm 정도의 소형버섯으로, 어릴 때는 달걀형이지만 성장함에 따라 갓머리를 열고 범종형으로 변한다. 주름살 역시 흰색이었다가 시간이 지나면서 검게 액화한다. 어린 버섯은 식용할 수 있다고 하지만, 술과 같이 먹으면 중독을 일으키는 경우가 생기므로 가급적 식용하지 않는 것이 좋다.

발생 시기 봄~가을 **발생 장소** 활엽수의 고목이나 그루터기 **발생 형태** 산생 또는 군생 **갓의 지름** 1~4cm **갓의 모양** 종형~원추형 **갓의 표면** 담황갈색 **갓의 점성** 없음 **대의 높이** 3~8cm **대의 모양** 원통형 **대의 표면** 백색 **식용 여부** 식용

한국의 버섯

두엄먹물버섯

균심균류 | 주름버섯목 | 먹물버섯과

먹물버섯 중 가장 유명한 버섯으로 하룻밤 만에 갓 부분이 없어져버리는 요상한 습성을 지녔다. 요즘엔 속이 바뀌어 '두엄흙물버섯'이라고 부른다. 검게 액화되기 전의 어린 버섯을 식용하는데, 씹는 느낌과 맛이 꽤 좋다. 다만 알코올의 분해를 방해하는 성분을 가지고 있기 때문에 술과 함께 먹으면 구토나 숙취 등의 나쁜 영향을 미칠 수 있다.

발생 시기 봄~가을 **발생 장소** 정원이나 밭, 썩은 나무 근처 **발생 형태** 군생 **갓의 지름** 5~8cm **갓의 모양** 종형~원추형 **갓의 표면** 회색~회갈색 **갓의 점성** 없음 **대의 높이** 7~20cm **대의 모양** 원통형 **대의 표면** 백색 **식용 여부** 식용

재두엄먹물버섯

균심균류 | 주름버섯목 | 먹물버섯과

'재먹물버섯'에서 개칭된 이름이다. 먹물버섯 중에서 큰 편에 속한다. 늦은 봄에서 가을까지 초식동물의 배설물이나 두엄더미, 퇴비 위에서 군생한다. 표면은 성장 초기에는 담황색 바탕에 백색의 솜털 모양의 피막이 있으나 성장하면 탈락하여 일부만 남게 되며, 중앙 부위는 황토갈색이나 회황토색을 띠고 끝 부위부터 점차 회색 또는 회흑색으로 된다.

발생 시기 봄~가을 **발생 장소** 두엄더미, 퇴비 등 **발생 형태** 군생 **갓의 지름** 2~5cm **갓의 모양** 난형~종형 **갓의 표면** 회색~회흑색 **갓의 점성** 없음 **대의 높이** 3~10cm **대의 모양** 원통형 **대의 표면** 백색 **식용 여부** 식용

노랑쥐눈물버섯

균심균류 | 주름버섯목 | 먹물버섯과

'노랑먹물버섯'에서 개칭된 이름이며 '황갈색먹물버섯'이라고도 한다. 받침대가 다른 먹물버섯보다 짧은 편이다. 여름부터 벚나무, 참나무, 수양버드나무 등의 그루터기나 통나무 등에서 발생한다. 주름살은 처음에는 백색이었다가 후에 갈색으로 변하고, 마지막에 흑색이 되는 액화현상이 일어난다. 식용버섯이지만 크기가 작고 수확량도 적어 별로 식용가치가 없다.

발생 시기 여름~가을 **발생 장소** 나무의 이끼류, 활엽수의 썩은 나무 위 **발생 형태** 군생, 속생 **갓의 지름** 2~3cm **갓의 모양** 난형~종형~편평형 **갓의 표면** 황갈색 **갓의 점성** 없음 **대의 높이** 2~5cm **대의 모양** 원통형 **대의 표면** 옅은 황갈색 **식용 여부** 식용(비추천)

큰눈물버섯

균심균류 | 주름버섯목 | 먹물버섯과

늦은 봄부터 여름을 거쳐 추위를 느낄수 있는 늦가을까지 혼합림의 지상이나 잔디 위에 소형에서 중형까지 다양하게 발생한다. 조직의 중앙 부위는 다소 두껍고 끝 부위는 얇으며 갈색을 띤다. 맛과 향기는 분명하지 않지만 식용이 가능하다고 한다. 이름은 바뀌지 않았으나 학명이 바뀐 버섯이다.

발생 시기 늦은 봄~가을 **발생 장소** 정원이나 밭 **발생 형태** 군생 또는 속생 **갓의 지름** 5~8cm **갓의 모양** 달걀형~종형 **갓의 표면** 황갈색~회갈색 **갓의 점성** 없음 **대의 높이** 4~10cm **대의 모양** 원통형 **대의 표면** 적갈색~갈색 **식용 여부** 식용(비추천)

한국의 버섯

다색벚꽃버섯

균심균류 | 주름버섯목 | 벚꽃버섯과

'벚꽃버섯'이라고도 부른다. 가을 무렵 송이가 발생하는 시기에 참나무나 너도밤나무, 또는 침엽수가 혼재한 지상에서 산생 또는 군생한다. 맛은 약간 씁스레하지만 살이 단단하고 풍미가 좋아 일부 지역에서는 술안주로 애지중지하는 경향이 있다. 버섯 자루는 씹으면 입에 근육이 붙을 정도로 단단하니 갓머리만 떼어내서 조리해야 한다.

발생 시기 늦여름~가을 **발생 장소** 침엽수림, 혼합림 **발생 형태** 단생, 소수 **군생 갓의 지름** 5~10cm **갓의 모양** 반구형~편평형 **갓의 표면** 백색~암적갈색 **갓의 점성** 있음 **대의 높이** 5~10cm **대의 모양** 원통형 **대의 표면** 적갈색~암적갈색 **식용 여부** 식용

콩나물애주름버섯

균심균류 | 주름버섯목 | 비늘버섯과

초여름부터 가을에 참나무류나 활엽수의 그루터기 또는 그 주위의 낙엽에 총생 또는 군생한다. 자실체의 모양이나 색이 다양한 것으로 보고되어 있으며, 조직은 얇고 맛과 향기는 불분명하다. 여러 도감에는 먹을 수는 있다고 기록되어 있지만, 갓이 얇고 양감이 부족해서 식용버섯으로는 별 매력이 없다.

발생 시기 여름~가을 **발생 장소** 활엽수, 너도밤나무의 그루터기 **발생 형태** 군생 **갓의 지름** 2~5cm **갓의 모양** 종형~반구형 **갓의 표면** 갈색~황갈색 **갓의 점성** 있음 **대의 높이** 5~13cm **대의 모양** 원통형 **대의 표면** 회백색 **식용 여부** 식용(비추천)

한국의 버섯

큰마개버섯

균심균류 | 주름버섯목 | 못버섯과

갓은 지름 3~5㎝로 반구형을 거쳐 가운데가 오목하게 파인 얕은 깔때기 모양이 된다. 표면은 담홍색 또는 장미에 가까운 적색이나 차차 검은 얼룩이 생기고 습할 때는 젤라틴질의 점성이 생긴다. 살짝만 끓여도 감칠맛 나는 국물을 맛볼 수 있는 아주 맛있는 버섯으로서 황소비단그물버섯과 같이 발생하는 경우가 많다.

발생 시기 여름~가을 **발생 장소** 침엽수림 **발생 형태** 산생 또는 단생 **갓의 지름** 3~5cm **갓의 모양** 원추형~편평형 **갓의 표면** 분홍색~담홍색 **갓의 점성** 있음(습할 때) **대의 높이** 3~6cm **대의 모양** 원통형 **대의 표면** 유백색~분홍색 **식용 여부** 식용

밤버섯

균심균류 | 주름버섯목 | 주름버섯과

숲속이나 풀밭의 땅 위에서 난다. 맛이 좋은 식용버섯으로, 매우 두껍고 단단해 보이나 만져보면 약간 말랑한 느낌이 있다. 유리아미노산이 풍부해 항암작용을 한다고 알려져 있으며, 이탈리아에서는 파스타 등에 넣어 먹는다. 우리나라에서도 가을에 김장처럼 재워두고 먹는다고 한다. '다색벚꽃버섯'과 혼동하지만 서로 다른 버섯이다.

발생 시기 봄~가을 **발생 장소** 숲속, 풀밭의 땅 위 **발생 형태** 단생, 군생 **갓의 지름** 4~15cm **갓의 모양** 반구형~편평형 **갓의 표면** 백색~회백색 **갓의 점성** 없음 **대의 높이** 3~7cm **대의 모양** 원통형 **대의 표면** 백색 **식용 여부** 식용, 약용

한국의 버섯

난버섯

균심균류 | 주름버섯목 | 난버섯과

봄부터 가을까지 주로 썩은 활엽수 고사목이나 썩은 톱밥더미 위에 군생한다. 처음에는 난형 또는 평반구형이었다가 차츰 편평형으로 변한다. 조직은 육질형이며 비교적 얇고 백색이다. 자실체 자체에 수분이 많은 편이나 흙 냄새 또는 먼지 냄새가 난다. 냄새는 가열하면 더 심하게 나기 때문에 식용으로 삼기엔 불충분하다.

발생 시기 봄~가을 **발생 장소** 활엽수의 고목이나 그루터기 **발생 형태** 군생 **갓의 지름** 5~13cm **갓의 모양** 둥근 산형~볼록편평형 **갓의 표면** 회갈색 **갓의 점성** 없음 **대의 높이** 6-12cm **대의 모양** 원통형 **대의 표면** 황백색 **식용 여부** 식용(비추천)

노란난버섯

균심균류 | 주름버섯목 | 난버섯과

선명한 노란색을 자랑하듯 피어나는 버섯이다. 자라면서 갓 뒤쪽의 주름이 빨갛게 변한다. 봄부터 가을에 걸쳐 활엽수의 썩은 줄기 또는 톱밥 위에 군생하며, 종종 썩은 침엽수에도 나기도 한다. 된장국을 끓이면 색이 빠져 국물이 노랗게 변하지만, 인체에는 무해하며 충분히 버섯 특유의 향을 느낄 수 있다. 육질은 연해서 씹을수록 입안에서 살살 녹는다.

발생 시기 초여름~초겨울 **발생 장소** 썩은 활엽수 **발생 형태** 군생, 총생 **갓의 지름** 2~7cm **갓의 모양** 반구형~편평형 **갓의 표면** 담황색~황색 **갓의 점성** 없음 **대의 높이** 3~7cm **대의 모양** 원통형 **대의 표면** 황백색 **식용 여부** 식용

솔버섯

균심균류 | 주름버섯목 | 주름버섯과

'붉은털무리버섯'이라고도 한다. 오랫동안 독버섯 취급을 받았으나 최근부터 식용한다. 여름부터 가을까지 침엽수림의 고목주변에서 발생하며, 냄새를 맡아보면 외모와는 거리가 먼 상쾌한 향기가 진동한다. 체질에 따라서 설사나 복통을 일으키는 수가 있으니 식용할 때는 곰곰히 생각해야 하는 버섯이다.

발생 시기 여름~가을 **발생 장소** 침엽수의고목, 그루터기 **발생 형태** 단생, 속생 **갓의 지름** 4~10cm **갓의 모양** 종형~볼록편평형 **갓의 표면** 황색~암황색 **갓의 점성** 없음 **대의 높이** 4~10cm **대의 모양** 원통형 **대의 표면** 황적갈색 **식용 여부** 식용(비추천)

턱수염버섯

균심균류 | 주름버섯목 | 주름버섯과

갓의 밑면에 나 있는 침상돌기가 마치 수염 같다고 해서 턱수염이라는 이름이 붙었다. '흰턱수염버섯'과 같은 종이다. 조직은 두껍지만 의외로 부서지기 쉬우므로 조심해서 다루어야 한다. 향기가 강하고 씹는 감촉이 독특해서 일본에서는 인기 있는 야생 버섯이며, 프랑스 식탁에도 자주 오르는 맛있는 버섯이다.

발생 시기 여름~가을 **발생 장소** 침엽수림이나 혼합림 **발생 형태** 군생 **갓의 지름** 4~10cm **갓의 모양** 평반구형~오목편평형 **갓의 표면** 황갈색~등황색 **갓의 점성** 없음 **대의 높이** 2~5cm **대의 모양** 원통형 **대의 표면** 담황색 **식용 여부** 식용

보라끈적버섯

균심균류 | 주름버섯목 | 끈적버섯과

매우 희귀한 버섯이다. 9월부터 가을이 끝나는 동안 활엽수와 소나무가 함께 어울리는 숲에서 단생 또는 산생한다. 대략 10cm까지 자라며, 반구형에서 차츰 편평한 모양으로 변한다. 갓 표면은 미세한 털 또는 작은 인편으로 덮여 있고 습하면 점성이 생긴다. 식용버섯이지만 맛은 그다지 기대할 만한 수준은 아니며, 위장 장애를 겪을 수 있으므로 주의가 필요하다.

발생 시기 가을 **발생 장소** 활엽수와 소나무숲의 혼합림 **발생 형태** 단생 또는 산생 **갓의 지름** 5~10cm **갓의 모양** 반구형~편평형 **갓의 표면** 보라색 **갓의 점성** 있음 **대의 높이** 6~10cm **대의 모양** 원통형 **대의 표면** 자주색 **식용 여부** 식용(비추천)

풍선끈적버섯

균심균류 | 주름버섯목 | 끈적버섯과

자루뿌리가 크게 부풀어 오르는 특징으로 '풍선'이란 이름을 얻은 듯 싶다. 여름부터 가을까지 침엽수 및 활엽수의 임지에서 소형 또는 중형으로 피어나며 갈색, 적갈색, 자갈색 등 색깔 변화가 매우 크다. 삶아도 자실체의 보라빛 색깔은 없어지지 않는다. 조직을 손으로 찢으면 먹음직스런 연자주색 속살이 나타나지만 맛과 냄새가 특별한 것은 아니다.

발생 시기 여름~가을 **발생 장소** 숲 속의 땅 위 **발생 형태** 군생 **갓의 지름** 3~13cm **갓의모양** 평반구형~편평형 **갓의표면** 갈색-황갈색 **갓의 점성** 없음 **대의 높이** 3~10cm **대의 모양** 원통형 **대의 표면** 자주색~담자색 **식용 여부** 식용

진흙끈적버섯

균심균류 | 주름버섯목 | 끈적버섯과

이름 값하듯 습할 때는 끈적끈적한 점성을 띤다. 점액은 마치 들기름을 잔뜩 바른 것처럼 강렬해서 다른 버섯과 함께 뒀다가는 모두 기름 범벅이 되어버린다. 표면은 오렌지에 가까운 황갈색이나 적갈색 또는 토갈색 등 다양한 색깔로 발생하기도 한다. 조직이 매우 두껍고 식감 역시 좋지만, 다른 버섯에 비해 맛과 향기가 2% 부족한 식용버섯이다.

발생 시기 가을 **발생 장소** 활엽수, 침엽수 주변 **발생 형태** 다발 군생 **갓의 지름** 4~7cm **갓의 모양** 반구형~편평형 **갓의 표면** 진갈색~등황갈색 **갓의 점성** 매우 강함 **대의 높이** 4~8cm **대의 모양** 원통형 **대의 표면** 백색~담청자색 **식용 여부** 식용

한국의 버섯

민자주방망이버섯

균심균류 | 주름버섯목 | 송이버섯과

'가지버섯'으로도 불린다. 초가을부터 11월까지 볼 수 있는 버섯으로 체내의 콜레스테롤 수치를 낮춰 피를 맑게 해 주는 효능이 탁월하다. 데쳐서 소금물에 하루 정도 우려낸 다음에 식용한다. 서늘한 곳에서 잘 말려두었다가 요리할 때만 조금씩 데쳐서 먹으면 당뇨나 고혈압 환자들에게 큰 도움이 된다.

발생 시기 가을~초겨울 **발생 장소** 잡목림 내 땅 위 **발생 형태** 산생 또는 군생 **갓의 지름** 6~10cm **갓의 모양** 둥근 산형~편평형 **갓의 표면** 자주색 **갓의 점성** 없음 **대의 높이** 4~12cm **대의 모양** 원통형 **대의 표면** 자색~유백색 **식용 여부** 식용, 약용

굴털이버섯

균심균류 | 주름버섯목 | 무당버섯과

왜 '젖버섯'이라고도 부르는지 채집해 보면 알게 된다. 살짝 긁기만 해도 매운 성분이 담긴 하얀 유액이 줄줄 흐른다. 이 유액은 다른 젖버섯 종류와는 다르게 시간이 가도 변색하지 않는다. 여름부터 가을까지 혼합림 내에서 발생하는 중형버섯으로, 매운 맛을 일으키는 물질은 물에 담갔다가 요리하면 없어지며 요퇴부동통, 수족마비 등에 약으로 쓴다.

발생 시기 여름~가을 **발생 장소** 혼합림내의 땅 위 **발생 형태** 군생 **갓의 지름** 4~18cm **갓의 모양** 오목형~깔때기형 **갓의 표면** 백색~담황색 **갓의 점성** 있음 **대의 높이** 3~10cm **대의 모양** 원통형 **대의 표면** 백색 **식용 여부** 식용, 약용

벌집구멍장이버섯

균심균류 | 구멍장이버섯목 | 구멍장이버섯과

'벌집버섯'이라고 부르다가 속명이 바뀐 이름으로 봄부터 여름까지 활엽수의 죽은 가지나 살아있는 뽕나무에서 자주 발생하는 목재백색부후균이다. 관공구는 매우 큰 육각형으로 벌집모양을 이룬다. 겉으로 볼 땐 딱딱해 보이지만 만져보면 의외로 부드러워서 깜짝 놀라게 된다. 국물용으로 쓰기도 한다지만 식용으로는 부적당하고 오직 약용으로 사용한다.

발생 시기 봄~여름 **발생 장소** 활엽수의 죽은 가지, 뽕나무 **발생 형태** 산생 **갓의 지름** 2~6cm **갓의 모양** 원형~콩팥형 **갓의 표면** 황백색 또는 담황색 **갓의 점성** 없음 **대의 높이** 없음 **대의 모양** 없음 **대의 표면** 없음 **식용 여부** 약용

꽃송이버섯

균심균류 | 구멍장이버섯목 | 꽃송이버섯과

주로 침엽수의 그루터기나 고목에서 꽃송이 모양으로 발생한다. 담백하며 씹는 맛이 좋고 송이와 같은 향이 나지만, 조직이 질기므로 충분히 익혀야 한다. 다른 버섯보다 훨씬 많은 베타글루칸이 면역력을 높여 고혈압, 당뇨, 암 등 다양한 면역질환에 효과가 있다. 특히 정상적인 세포의 면역기능을 반드시 높여야 하는 암 환자들에게 큰 효과가 있다.

발생 시기 여름~가을 **발생 장소** 침엽수의 죽은 뿌리, 그루터기 **발생 형태** 단생 **자실체의 지름** 10~25cm **자실체의 모양** 물결형 **자실체의 표면** 담황색 **갓의 점성** 있음 **대의 높이** 2~5cm **대의 모양** 원통형 **대의 표면** 연한 자색 **식용 여부** 식용,약용

잔나비불로초

균심균류 | 구멍장이버섯목 | 잔나비걸상버섯과

'잔나비걸상'에서 바뀐 이름으로 활엽수의 고사목에서 1년 내내 목재를 썩히며 성장한다. 수 년 간 성장을 계속하여 지름이 50cm가 넘는 것도 있다. 항종양 억제율이 64%에 이를 만큼 암 억제효과가 상당하며, 일본의 한 대학병원의 연구를 통해 암 중에서도 위암과 식도암에 상당한 도움을 주는 버섯인 것으로 밝혀졌다.

발생 시기 봄~가을 **발생 장소** 활엽수의 생나무나 고목 **발생 형태** 단생 또는 군생 **자실체의 지름** 20~50cm **자실체의 모양** 반원형 **자실체의 표면** 회갈색～회흑색 **자실체의 점성** 없음 **대의 모양** 없음 **대의 표면** 없음 **식용 여부** 약용

말똥진흙버섯

균심균류 | 구멍장이버섯목 | 구멍장이버섯과

'자작나무상황버섯'이라고도 한다. 조직은 희고 대단히 단단하다. 자작나무에서 발생하는 버섯으로, 나무의 모양에 따라 말발굽 모양이거나 말똥이 겹겹이 쌓인 모양이 된다. 항암효과가 무려 96.7%나 되는 귀중한 약재로 일부 채집가들은 상황버섯 중 최고로 평가한다. 유방암, 위암, 자궁암, 폐암 등 갖가지 암의 세포증식을 억제하는 것이 실제로 증명된 버섯이다.

발생 시기 1년 내내 **발생 장소** 자작나무의 생나무나 고목 **발생 형태** 중생 **자실체의 지름** 10~20cm **자실체의 모양** 말굽형 **자실체의 표면** 황백색~황갈색 **자실체의 점성** 없음 **대의 모양** 없음 **대의 표면** 없음 **식용 여부** 약용

붉은덕다리버섯

균심균류 | 구멍장이버섯목 | 덕다리버섯과

9월에 들어서면서 침엽수 혹은 활엽수의 고목이나 생목의 그루터기에서 붉게 피어난다. 황색의 덕다리버섯에 비해 붉은덕다리버섯은 주황색에 가깝다. 붉은색을 띤 것과 귓불 정도로 얇은 것을 최상품으로 친다. 어린 버섯은 육질이 연해 식용 가능하지만 금세 단단해지고 쉽게 부서져 먹을 수 없게 된다. 중풍, 뇌졸증, 폐결핵 등에 약용한다.

발생 시기 가을 **발생 장소** 침엽수, 활엽수의 고목이나 그루터기 **발생 형태** 중생 **자실체의 지름** 5~20cm **자실체의 모양** 반원형~부채형 **자실체의 표면** 주홍색 **자실체의 점성** 없음 **대의 모양** 없음 **대의 표면** 없음 **식용 여부** 식용, 약용

불로초_영지버섯

균심균류 | 민주름버섯목 | 불로초과

우리가 흔히 부르는 이름은 '영지버섯'이다. 갓과 대는 물론이고 자실체 모두가 옻칠을 한 것처럼 니스상의 물질로 광택이 난다. 이 광택은 버섯이 죽은 후에도 잘 변하지 않는다. 체내의 독을 풀어 암 종양의 성장을 억제하고 혈압을 조절하며 피를 정화하며 혈당을 줄인다. 장기복용해야 효과를 볼 수 있으며, 가능하면 술을 담거나 쓴 상태 그대로 먹는 것이 제일 좋다.

발생 시기 여름~가을 **발생 장소** 활엽수의 뿌리 밑둥, 그루터기 **발생 형태** 단생, 중생 **갓의 지름** 5~15cm **갓의 모양** 콩팥형, 타원형 **갓의 표면** 황갈색~적갈색 **갓의 점성** 없음 **대의 높이** 5~15cm **대의 모양** 불규칙 원통형 **대의 표면** 흑갈색 **식용 여부** 약용

말굽버섯

균심균류 | 민주름버섯목 | 구멍장이버섯과

소형과 대형으로 발생하며 형태와 색깔이 다양해 혼동되기 쉬운 버섯이다. 여타 상황버섯에 비하여 항암, 항염증이 월등히 높다는평가를 받는데, 특히 소화기 질병에 좋아 식도암과 위암 등에 효과가 있다. 숙주의 종류에 따라 형태가 조금씩 다르며, 너도밤나무나 자작나무에서 자라는 것을 우수한 개체로 평가한다.

발생 시기 봄~가을 **발생 장소** 활엽수의 고목 또는 생목 **발생 형태** 군생 **자실체의 지름** 10~50cm **자실체의 모양** 말발굽형 **자실체의 표면** 회백색~ 암회색 **자실체의 점성** 없음 **대의 모양** 없음 **대의 표면** 없음 **식용 여부** 약용

항암버섯의대명사

상황 버섯은 예로부터 죽은 사람을 살리는 불로초라 불릴 만큼 극찬을 받고 있는 버섯이다. 특히 항암효과가 대단하다. 부작용이 전혀 없으면서도 인체의 면역기능을 쑥쑥 활성화시켜 각종 암을 치료할 수 있는 것으로 알려져 있다. 하루 30g 정도를 먹는 것이좋다. 상황 버섯 우려낸 물을 차처럼 수시로 마시면 된다.

노루궁뎅이버섯

균심균류 | 민주름버섯목 | 산호침버섯과

가을에 활엽수의 상처 부위, 고목 또는 잘린 부위에 발생한다. 전체가 백색이고 짧고 뭉툭한 원통형의 대에서 길게 늘어진 수염이 마치 염소나 사슴 또는 노루 꼬리모양과 같다. 조직은 육질형으로 맛과 향기는 부드럽다. 베타글루칸이라는 성분이 암 환자 세포의 면역기능을 활성화시켜 암세포의 증식과 재발을 억제하는데 탁월한 효능을 발휘한다.

발생 시기 가을 **발생 장소** 활엽수의 생목의 상처부위 **발생 형태** 단생 **자실체의 지름** 5~25cm **자실체의 모양** 반구형 **자실체의 표면** 백색 **자실체의 점성** 없음 **대의 높이** 없음 **대의 모양** 없음 **대의 표면** 없음 **식용 여부** 식용, 약용

산호침버섯

균심균류 | 민주름버섯목 | 산호침버섯과

'수실노루궁뎅이버섯'이라고도 한다. 가을에 활엽수의 생목의 상처 부위, 고목 또는 잘린 부위에 발생한다. 각 분지와 분지 끝에서 수양버들 모양의 긴 수염이 늘어져 있어 나무줄기에 산호가 거꾸로 부착되어 있는 모양이다. 매우 드물게 발생하며, 식용버섯으로 맛이 좋아 중국에서는 고급 식재료로 사용된다. 약성은 노루궁뎅이버섯과 비슷하다.

발생 시기 가을 **발생 장소** 활엽수 그루터기, 상처부위 **발생 형태** 단생 **자실체의 지름** 8~21cm **자실체의 모양** 산호형 **자실체의 표면** 백색~다갈색 **자실체의 점성** 없음 **대의 높이** 없음 **대의 모양** 없음 **대의 표면 없음 식용 여부** 식용, 약용

기와버섯

균심균류 | 무당버섯목 | 무당버섯과

'청버섯', '청갈버섯'이라고도 하며 여름부터 가을에 활엽수림 내 지상에 산생 또는 소수 군생한다. 다 자라면 갓의 표피가 갈라져 마치 깨진 기와를 늘어놓은 것처럼 된다. 예부터 널리 알려진 식용버섯으로 풍미 넘치고 맛있는 국물이 나오며, 암 억제율이 높은 항암제인 '클레스틴'이 추출되어 암의 치료뿐만 아니라, 예방에도 높은 효력이 있는 버섯이다.

발생 시기 여름~가을 **발생 장소** 참나무,자작나무 임지 **발생 형태** 산생, 소수 군생 **갓의 지름** 5~15cm **갓의 모양** 반구형~편평형 **갓의 표면** 녹색~회녹색 **갓의 점성** 없음 **대의 높이** 3~10cm **대의 모양** 원통형 **대의 표면** 백색~유백색 **식용 여부** 식용, 약용

구름송편버섯_운지버섯

균심균류 | 구멍장이버섯목 | 송이버섯과

우리가 운지버섯이라고 부르는 버섯으로 '구름버섯'에서 개칭된 이름이다. 대가 없고 구름모양 또는 꽃 모양, 기왓장을 올려놓은 모습처럼 피어난다. 조직이 매우 질기고 딱딱하며 맛도 없어서 식용으로 쓰지는 않지만, 항암성분인 '크레스틴(PSK)'이 발견되어 위암, 식도암, 유방암, 특히 간세포가 망가진 만성 간 질환 환자에게 효과가 있다 .

발생 시기 여름~가을 **발생 장소** 침엽수, 활엽수의 고목, 그루터기 **발생 형태** 군생 **갓의 지름** 2~5cm **갓의 모양** 반원형,구름형 **갓의 표면** 황갈색.암갈색 **갓의 점성** 없음 **대의 높이** 없음 **대의 모양** 없음 **대의 표면** 없음 **식용 여부** 약용

콩꼬투리버섯

균심균류 | 동충하초강 | 콩꼬투리버섯과

'뿔콩꼬투리버섯'이라고도 한다. 높이 3~8㎝로 불규칙한 곤봉모양이 거나 사슴뿔처럼 생겼다. 미세한 털로 덮여 있는 자실체의 표면은 회백색이나 나중에는 전체가 흑색이 되며, 부러뜨려 보면 조직은 하얀 색이다. 식용에 부적합하고 오직 약으로 이용한다. 항종양, 혈압강하 및 빈혈증 치료에 도움을 준다고 알려져 있다.

발생 시기 봄~가을 **발생 장소** 활엽수 죽은 나무 위 **발생 형태** 단생, 군생 **자실체의 높이** 3~8cm **자실체의 모양** 사슴뿔형 **자실체의 표면** 회백색~흑색 **자실체의 점성** 없음 **대의 모양** 원통형 **대의 표면** 회백색~흑색 **식용 여부** 약용

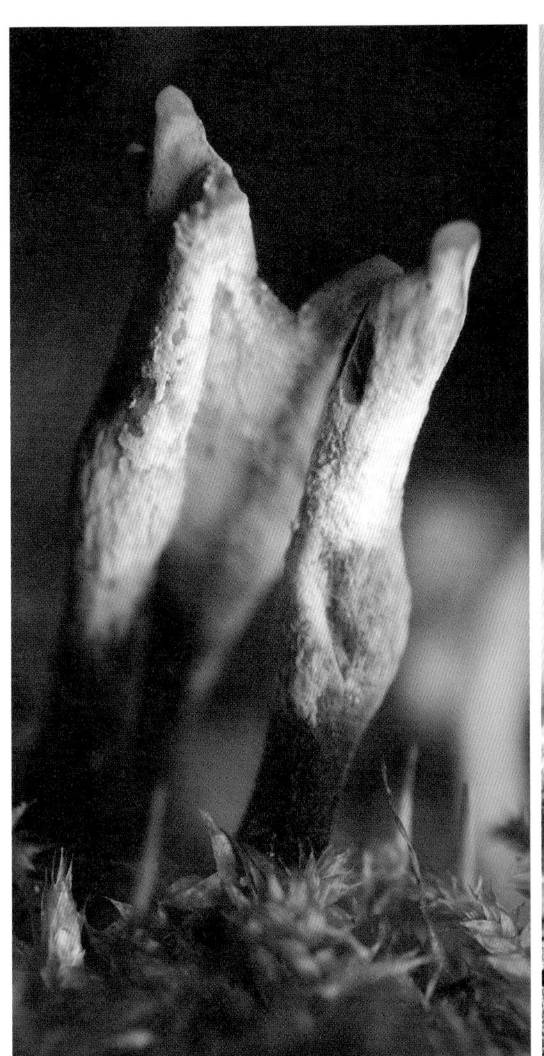

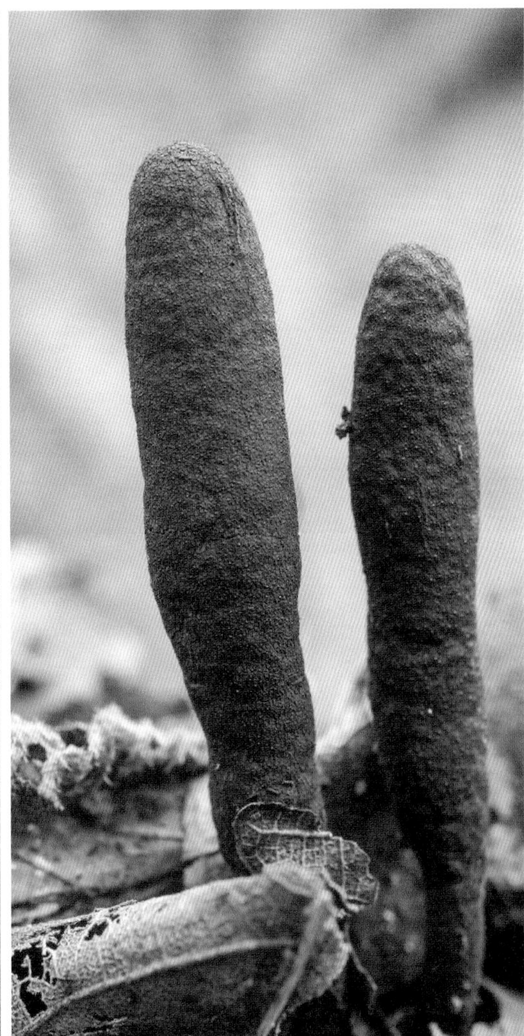

까치버섯

균심균류 | 사마귀버섯목 | 굴뚝버섯과

일부 지역에서는 '먹버섯'이라고 부르기도 한다. 활엽수와 침엽수가 함께 자라는 숲속에 단생 또는 군생한다. 약간 쌉싸름하지만 깊이 있는 맛이 일품이다. 끓이면 먹물이 나와 국물이 까맣게 변하지만, 한번 데쳐서 초장에 찍어먹거나 무쳐서 먹으면 된다. 물론 생으로도 먹을수 있다. 자실체에 함유된 '폴리오젤린'이란 성분이 위암을 예방하는 작용을 한다.

발생 시기 여름~가을 **발생 장소** 혼합림 내 지상 **발생 형태** 단생, 일부 군생 **자실체의 높이** 6~12cm **자실체의 모양** 꽃양배추형 **자실체의 표면** 회백색~회흑색 **자실체의 점성** 없음 **대의 모양** 없음 **대의 표면** 없음 **식용 여부** 식용, 약용

먼지버섯

균심균류 | 어리알버섯목 | 먼지버섯과

봄부터 가을에 걸쳐 숲 속, 길가의 비탈진 언덕, 정원 등에 군생한다. 중앙부의 머리구멍에서 포자를 먼지처럼 퐁퐁 쏟아 낸다고 먼지버섯이라고 부른다. 어릴 때는 공 모양이나 성숙하면 6~8조각으로 갈라져 마치 바다의 불가사리처럼 보인다. 매운 맛이 강해 식용엔 부적합하고 지혈, 해열작용과 혈액 순환을 촉진하는 효과로 약으로 많이 이용한다.

발생 시기 여름~가을 **발생 장소** 숲 속, 길가의 언덕, 정원 **발생 형태** 단생 혹은 산생 **갓의 지름** 2~3cm **갓의 모양** 구형~편구형 **갓의 표면** 회갈색~흑갈색 **갓의 점성** 없음 **대의 높이** 없음 **대의 모양** 없음 **대의 표면** 없음 **식용 여부** 약용

밀버섯

균심균류 | 주름버섯목 | 낙엽버섯과

여름부터 가을에 걸쳐 활엽수림, 침엽수림 내의 낙엽 위에서 군생 또는 속생하며 낙엽 분해에도 큰 역할을 한다. 조직이 두껍고 탄력성이 있지만 특별한 향기는 없다. 밀가루 냄새가 나고 쓰기 때문에 쓴맛을 중화시키기 위해서는 한 번 끓여내거나 고온으로 굽는다. 풍부하게 함유된 다당체 성분이 항 종양 작용을 한다고 알려져 있다.

발생 시기 여름~가을 **발생 장소** 혼합림 **발생 형태** 군생 **갓의 지름** 1~5cm **갓의 모양** 평반구형~편평형 **갓의 표면** 담황색~담회갈색 **갓의 점성** 없음 **대의 높이** 2~8cm **대의 모양** 원통형 **대의 표면** 갈색 또는 살색 **식용 여부** 식용, 약용

잎새버섯

균심균류 | 민주름버섯목 | 구멍장이버섯과

무수한 작은 갓이 둥글게 무리를 지어 대형의 버섯을 이룬다. 표면은 흑갈색이었다가 후에 회갈색 또는 흰색으로 된다. '향은 송이, 맛은 잎새'라고 할 만큼 씹히는 식감과 향이 매우 좋다. 뛰어난 항암효과와 콜레스테롤 억제작용 등으로 상황버섯에 이어 두 번째로 항암효과가 높은 버섯이며, 무려 93.6%의 종양 저지율을 가지고 있다.

발생 시기 가을 **발생 장소** 활엽수, 특히 참나무, 밤나무,후박나무 **발생 형태** 다발군생 **갓의 지름** 15~30cm **갓의 모양** 부채형~꽃다발형 **갓의 표면** 흑색~흑갈색 **갓의 점성** 없음 **대의 모양** 원통형 **대의 표면** 백색~담회색 **식용 여부** 식용, 약용

차가버섯

균심균류 | 소나무비늘버섯목 | 소나무비늘버섯과

불완전한 덩어리 모양으로 처음에는 얇고 불규칙하게 퍼져있다가 나중에 균핵 모양을 이룬다. 겨울에 발견하기가 가장 쉬우며, 너도밤나무에서도 자란다고 보고 되어 있지만 자작나무 이외에서는 거의 볼 수 없다. 차로 해서 먹으면 구수한 차 향기가 진동을 한다. 일본에서 '모든 병을 다스리는 만병통치약'이라고 말할 정도로 호평 받는 버섯이다.

발생 시기 겨울 **발생 장소** 오래된 자작나무 **발생 형태** 산생, 군생 **자실체의 지름** 10~30cm **자실체의 모양** 원추형 또는 긴 타원형 **자실체의 표면** 흑갈색 또는 흑색 **자실체의 점성** 없음 **대의 모양** 없음 **대의 표면** 없음 **식용 여부** 약용

잣버섯

균심균류 | 구멍장이버섯목 | 구멍장이버섯과

침엽수 중 주로 소나무 고사목 또는 그루터기에서 발생한다. 갓의 지름은 5~15cm로 초기에는 평반구형이나 차차 편평형이된다. 어릴 때는 부드러운 육질형이나 성장하면 치밀하며 단단한 육질형으로 된다. 송이버섯 향이 있고 맛이 부드러운 식용버섯이지만 가벼운 중독을 일으키기도 한다. 신체 조절 기능, 항 질병의 효능을 지녔다.

발생 시기 여름~가을 **발생 장소** 침엽수의 고사목 **발생 형태** 단생, 총생 **갓의 지름** 4~15cm **갓의 모양** 유구형~편평형 **갓의 표면** 크림색~황갈색 **갓의 점성** 없음 **대의 높이** 3~5cm **대의 모양** 원통형 **대의 표면** 백색 **식용 여부** 식용, 약용

침버섯

균심균류 | 구멍장이버섯목 | 송이버섯과

'참바늘버섯' 또는 '긴수염버섯'이라고도 한다. 상큼한 과일 향이 나는 맛있는 식용버섯으로, 주로 활엽수에 붙어 자라지만 오히려 너도밤나무의 그루터기에서 많이 발생한다. 대의 모양이 거의 없으며 이빨 같은 자실층은 끝이 꽤 날카롭다. 혈압 및 혈당감소 효과, 항암 등의 우수한 기능을 가지고 있다고 알려져 최근 들어 국내에서도 시험 재배하고 있는 식균이다.

발생 시기 여름~가을 **발생 장소** 활엽수의 고목, 그루터기 **발생 형태** 산생, 군생 **갓의 지름** 3~10cm **갓의 모양** 부채꼴～주걱형 **갓의 표면** 백색 또는 담황색 **갓의 점성** 없음 **대의 높이** 없음 **대의 모양** 없음 **대의 표면** 없음 **식용 여부** 식용, 약용

치마버섯

균심균류 | 주름버섯목 | 치마버섯과

'나무틈새버섯'이라고도 한다. 봄부터 가을 동안에 활엽수나 침엽수의 고목에서 속생하는 목재백색부후균이다. 갓은 지름 1~3cm로 부채처럼 생긴 표면에 회갈색의 털이 빽빽히 나 있다. 조직은 건조할 때면 오므렸다가 물에 담그면 퍼진다. 중국에서는 식용한다지만 우리나라에서는 오직 약용으로만 이용한다. 항암 성분이 있다고 알려져 있다.

발생 시기 여름~가을 **발생 장소** 숲, 풀밭의 땅 위 **발생 형태** 속생 **갓의 지름** 1~3cm **갓의 모양** 부채형-조개형 **갓의 표면** 백색~회색 **갓의 점성** 없음 **대의 높이** 없음 **대의 모양** 없음 **대의 표면** 없음 **식용 여부** 식용, 약용

한입버섯

균심균류 | 구멍장이버섯목 | 구멍장이버섯과

침엽수, 특히 소나무에 옹기종기 붙어있는 모습이 마치 밤이나 도토리를 연상시킨다. 표면은 황갈색 또는 적갈색이고 니스를 칠한 듯한 광택이 있다. 시원한 송진 향 때문에 천연방향제로 사용할 수 있고, 술을 담그거나 차로 마시면 기관지 천식은 물론 항종양에도 효능을 볼 수 있는 유익한 버섯이다. 4~5월에 채취하는 것이 약성의 효능이 가장 좋다고 한다.

발생 시기 1년 내내 **발생 장소** 침엽수(특히 소나무) **발생 형태** 군생 **자실체의 지름** 2~10cm **자실체의 모양** 밤 또는 조개 모양 **자실체의 표면** 황갈색, 적갈색 **자실체의 점성** 없음 **대의 모양** 없음 **대의 표면** 없음 **식용 여부** 식용, 약용

독청버섯아재비

균심균류 | 주름버섯목 | 송이버섯과

털받이 아래가 별처럼 8~9갈래로 갈라져 '별가락지버섯'이라고도 부른다. 주로 쓰레기장이나 목장 부근의 짐승의 똥이 많은 지저분한 장소에서 발생하며, 곰팡내가 나고 이름에 독이 붙어 독버섯이라고 생각하겠지만 보기와 다르게 개운하고 입안의 감촉이 좋은 버섯이다. 독소를 분해하는 효능이 탁월해서 악성 종양을 치료할 때 자주 쓴다고 알려져 있다.

발생 시기 봄~가을 **발생 장소** 쓰레기장, 목장 부근 **발생 형태** 단생, 군생 **갓의 지름** 6~15cm
갓의 모양 둥근산형~편평형 **갓의 표면** 적갈색 **갓의** 점성 있음(습할 때) **대의 높이** 7~15cm
대의 모양 원통형 **대의 표면** 백색~갈황색 **식용 여부** 식용, 약용

한국의 버섯

Chapter 2
독버섯

광대버섯

균심균류 | 주름버섯목 | 광대버섯과

★독성분 이보텐산 • 무스카린

여름부터 늦가을에 주로 자작나무과의 나무 밑 지상에서 발생한다. 갓 표면은 점성이 있고 선홍색 전면에 백색의 사마귀가 있다. 예전에는 파리를 죽이는 살충제로 사용되었던 적도 있다. 사망까지 이르지는 않지만, 무스카린은 심장을 저하하는 작용이있어 심장마비 등을 초래할 수 있다.

발생 시기 여름~가을 **발생 장소** 침엽수, 활엽수림 내의 땅 위 **발생 형태** 군생 **갓의 지름** 6~15cm **갓의 모양** 반구형~편평형 **갓의 표면** 선홍색~등황색 **갓의 점성** 있음 **대의 높이** 10~24cm **대의 모양** 원통형 **대의 표면** 백색 **식용 여부** 식용불가, 맹독성

화경버섯

균심균류 | 주름버섯목 | 송이버섯과

★독성분 일루딘 ☆유사버섯 느타리 • 표고

밤에 주름살이 청백색의 야광을 발하는 특징이 있다. 초여름, 또는 가을에 주로 참나무의 쓰러진 고목에 군생하지만 너도밤나무나 단풍나무, 전나무에서도 발생할 수 있다는 점에서 주의가 필요하다. 주로 소화 기계의 중독을 일으킨다. 과거에는 사망 사례도 있으니 극히 조심해야 한다.

발생 시기 여름~가을 **발생 장소** 활엽수, 특히 참나무의 고목 **발생 형태** 군생 **갓의 지름** 5~9cm **갓의 모양** 반원형 또는 콩팥형 **갓의 표면** 황등갈색~자갈색~암갈색 **갓의 점성** 없음 **대의 높이** 1.5~2.5cm **대의 모양** 원통형 **대의 표면** 백색 **식용 여부** 식용불가, 맹독성

개나리광대버섯

균심균류 | 주름버섯목 | 광대버섯과

★독성분 이보텐산·무스카린 ☆유사 버섯 노란달걀버섯·노란난버섯

식용버섯인 '노란달걀버섯'이나 '노란난버섯'으로 혼동해 중독 사고의 보고가 끊이지 않는 맹독버섯이다. 먹고 나서 24시간 내에 구토, 복통, 설사의 증상이 나타나기 시작한다. 그러다가 일단 가라앉고 난 후 며칠 후부터 장기의 세포가 파괴되면서 최악의 경우, 죽음에 이른다.

노란달걀버섯
노란난버섯

발생 시기 여름~가을 **발생 장소** 침엽수, 활엽수림 내의 땅 위 **발생 형태** 단생, 산생 **갓의 지름** 3~7cm **갓의 모양** 원추형~편평형 **갓의 표면** 황색~담황색 **갓의 점성** 약간 있음 **대의 높이** 16~11cm **대의 모양** 원통형 **대의 표면** 백색~담황색 **식용 여부** 식용불가, 맹독성

목장말똥버섯

균심균류 | 주름버섯목 | 먹물버섯과

★독성분 실로시빈 • 사일로신

주로 목초지의 소나 말의 분뇨 위에 발생한다. 중추신경을 자극하는 물질이 환각 증상을 일으켜 웃음을 참지 못하고 알몸으로 돌아다녀도 부끄러움을 모르게 된다고 한다. 그러나 하루 정도 지나면 원상태로 회복되며, 후유증은 없는 것으로 알려져 있다.

발생 시기 봄~가을 **발생 장소** 목장, 잔디밭, 소나 말의 똥 위 **발생 형태** 군생 **갓의 지름** 1.5~3cm **갓의 모양** 종모양~원추형 **갓의 표면** 황갈색~갈색 **갓의 점성** 있음(습할 때) **대의 높이** 5~10cm **대의 모양** 원통형 **대의 표면** 백색~담홍갈색 **식용 여부** 식용불가, 약독성

마귀광대버섯

균심균류 | 주름버섯목 | 광대버섯과

★독성분 이보텐산 • 무스카린 ☆유사 버섯 우산버섯 • 표고

'악마의 버섯'이라고도 부른다. 갓은 회갈색 또는 갈색 바탕에 하얀 사마귀로 덮여 있다. 광대버섯보다 독성이 더 강하다. 구토, 설사, 복통은 물론 시력장애나 정신착란을 일으키게 된다. 비가 온 후 사마귀가 떨어지면 우산버섯이나 표고와 구분하기 어렵게 되니 주의가 필요하다.

발생 시기 여름~가을 **발생 장소** 침엽수, 활엽수림의 땅 위 **발생 형태** 단생 **갓의 지름** 4~25cm **갓의 모양** 둥근산형~오목편평형 **갓의 표면** 회갈색~담갈색 **갓의 점성** 있음 **대의 높이** 5~35cm **대의 모양** 원통형 **대의 표면** 백색 **식용 여부** 식용불가, 맹독성

주름우단버섯

균심균류 | 주름버섯목 | 우단버섯과

★독성분 용혈성 독소 • 무스카린

버섯의 독성은 대개 급성이다. 중독되었다면 치료하면 된다. 그러나 이 버섯의 독성은 만성이다. 한번 치료했다고 독이 모두 제거되는 것이 아니라, 체내에 쌓여있다가 항체를 조금씩 파괴한다. 중독 현상이 언제 재발할지 아무도 모르고, 독성이 아직까지 밝혀지지 않았다는 점도 꺼림찍하다.

발생 시기 여름~가을 **발생 장소** 숲속의 땅 위 **발생 형태** 단생, 군생 **갓의 지름** 4~10cm **갓의 모양** 오목편평형~깔때기형 **갓의 표면** 황토갈색 **갓의 점성** 있음 **대의 높이** 3~8cm **대의 모양** 원통형 **대의 표면** 황색 **식용 여부** 식용불가, 맹독성

독우산광대버섯

균심균류 | 주름버섯목 | 광대버섯과

★독성분 아마톡신 • 팔로톡신 ☆유사 버섯 흰달걀버섯

버섯 전체가 흰색이라 어두운 숲속에서도 한눈에 들어온다. 맹독버섯이다. 그것도 매우 치명적이다. 단 한 개 먹은 것만으로도 신장이나 간 등의 내장 조직이 파괴된다. 병원에서 적절한 치료를 받지 않으면 사흘 내 사망한다. 목숨을 건졌다 하더라도 뇌경색 등의 후유증이 남을 수 있다.

흰달걀버섯

발생 시기 여름~가을 **발생 장소** 숲, 풀밭의 땅 위 **발생 형태** 군생 **갓의 지름** 7~15cm **갓의 모양** 원추형~볼록편평형 **갓의 표면** 백색 **갓의 점성** 있음(습할 때) **대의 높이** 14~24cm **대의 모양** 원통형 **대의 표면** 백색 **식용 여부** 식용불가, 맹독성

검은말똥버섯

균심균류 | 주름버섯목 | 먹물버섯과

★독성분 실로시빈 • 사일로신

목장말똥버섯과 마찬가지로 목초지의 소나 말의 분뇨 위에 발생한다. 증후는 빠르면 20분 후부터 시작되는데, 술에 취한 것 같은 흥분 상태가 되어 정신 착란, 환각, 시력 장애까지 겪는다. 대개 4 시간 정도 흥분하고 난리친 후 잠에 빠지는 경우가 많으며, 후유증은 없다.

발생 시기 여름~가을 **발생 장소** 목장, 잔디밭, 소나 말의 똥 위 **발생 형태** 군생 **갓의 지름** 1~4m **갓의 모양** 종모양~원추형 **갓의 표면** 연한 흑갈색~암갈색 **갓의 점성** 있음(습할 때) **대의 높이** 4.5-8cm **대의 모양** 원통형 **대의 표면** 연한 적갈색 **식용 여부** 식용불가, 약독성

알광대버섯

균심균류 | 주름버섯목 | 광대버섯과

★독성분 아마톡신 • 팔로톡신

갓 표면은 건조할 때 광택이 있고 습할 때는 끈적기가 조금 생긴다. 서양에서는 '죽음의 모자'라고 부른다. 소독약 냄새가 살짝 풍기는 맹독성 버섯이다. 독성은 독우산광대버섯과 같다. 먹자마자 바로 간과 신장을 파괴하기 시작한다. 한 개 먹은 것만으로도 치명적이므로 절대 채취 금물이다.

발생 시기 여름~가을 **발생 장소** 참나무 등의 혼합림 **발생 형태** 군생 **갓의 지름** 7~15cm **갓의 모양** 계란형~편평형 **갓의 표면** 회녹색, 황녹색 **갓의 점성** 있음(습할 때) **대의 높이** 5～15cm **대의 모양** 원통형 **대의 표면** 백색 **식용 여부** 식용불가, 맹독성

턱받이광대버섯

균심균류 | 주름버섯목 | 광대버섯과

★독성분 아마톡신 ☆유사버섯 우산버섯

자실체는 백색이며, 작은 달걀모양이나 점차 상단부위가 갈라지면서 갓과 대가 나타난다. 여름-가을에 활엽수림, 침엽수림 또는 혼합림 내 지상에 산생 또는 단생한다. 중독증세는 알광대버섯 등 다른 아마톡신이 함유된 버섯과 비슷하다.

발생 시기 여름~가을 **발생 장소** 활엽수림의 땅 **발생 형태** 단생 **갓의 지름** 2-6cm **갓의 모양** 둥근 산형~편평형 **갓의 표면** 회갈색~회색 **갓의 점성** 있음(습할 때) **대의 높이** 4-9cm **대의 모양** 원통형 **대의 표면** 백색 **식용 여부** 식용불가, 맹독성

흰가시광대버섯

균심균류 | 주름버섯목 | 광대버섯과

★독성분 아마톡신

장난끼 가득한 풍치와 애교스런 모습에 속으면 곤란하다. 신경계를 파괴하는 독버섯이다. 중독되면 심한 설사를 동반한 전형적인 콜레라 증상을 보인다. 이 같은 독버섯을 피하기 위해서는 두 가지 행동을 분명히 해야 한다. 1. 확실한 판단이 설 때까지 채취하지 않는다. 2. 함부로 먹지 않는다.

발생 시기 여름~가을 **발생 장소** 숲, 풀밭의 땅 위 **발생 형태** 군생 **갓의 지름** 9~20cm **갓의 모양** 반구형~볼록편평형 **갓의 표면** 백색 **갓의 점성** 있음(습할 때) **대의 높이** 12~22cm **대의 모양** 원통형 **대의 표면** 백색 **식용 여부** 식용불가, 맹독성

회흑색광대버섯

균심균류 | 주름버섯목 | 송이버섯과

★독성분 아니마톡신

어릴 때는 달걀형의 종 모양이었다가 성숙하면 둥근산 모양으로 변한다. 만약 먹었다면 24시간 이내에 구토, 복통, 설사 등의 증상이 나타나고 이러한 증상은 일시적으로 회복된다. 그러나 며칠 후 간과 신장의 세포가 파괴되기 시작하고 간염이나 신부전증 등으로 사망에 이르게 된다.

발생 시기 여름~가을 **발생 장소** 혼합림 **발생 형태** 단생 **갓의 지름** 3~6cm **갓의 모양** 종형~둥근산형 **갓의 표면** 백색~회색 **갓의 점성** 없음 **대의 높이** 8~13cm **대의 모양** 원통형 **대의 표면** 백색 **식용 여부** 식용불가, 맹독성

뱀껍질광대버섯

균심균류 | 주름버섯목 | 광대버섯과

★독성분 아마톡신

지름 4~13cm 정도로 처음에는 반구형이나 성장하면서 편평하게 펴진다. 중앙과 가장자리에 산재되어 있는 사마귀는 비를 맞거나 오래되면 탈락하거나 너덜너덜해지기도 한다. 오한, 구토 등은 물론 환각, 환청을 유발한다. 더 심하면 혼수상태, 최악의 경우 목숨까지 뺏긴다.

발생 시기 여름~가을 **발생 장소** 활엽수림, 침엽수림내 땅위 **발생 형태** 단생, 군생 **갓의 지름** 4~13cm **갓의 모양** 반구형~편평형 **갓의 표면** 갈회색~암회갈색 **갓의 점성** 없음 **대의 높이** 5~15cm **대의 모양** 원통형 **대의 표면** 회색 **식용 여부** 식용불가, 맹독성

파리버섯

균심균류 | 주름버섯목 | 광대버섯과

★독성분 이보텐산

광대버섯류 중에서 비교적 작으며 갓의 표면이 습할 때 점성이 있고 외피막의 잔유물인 옅은 황색의 분질물이 산재해 있다. 국내에서는 살충제가 나오기 오래 전부터 파리버섯을 따다가 밥에 비벼 놓으면 파리가 이것을 빨아먹고 죽었다고 한다.

발생 시기 여름~가을 **발생 장소** 적송림내 땅 위 **발생 형태** 산생 **갓의 지름** 3~6cm **갓의 모양** 평반구형~오목편평형**갓의 표면** 담갈황색~담황색 **갓의 점성** 없음 **대의 높이** 3~5cm **대의 모양** 원통형 **대의 표면** 백색 **식용 여부** 식용불가, 준독성

노란다발버섯

균심균류 | 주름버섯목 | 독청버섯과

★독성분 트리테르펜·파시큐롤 ☆ 유사 버섯 개암버섯·나도팽나무버섯

우리나라 버섯 중독 사망의 주원인이다. 복통, 구토, 설사, 경련 등을 일으키며 심한 경우 사망하는 일도 있다. 가을에 나는 개암버섯, 검은비늘버섯, 나도팽나무버섯 등과 착오를 일으켜 중독사고가 날 수 있다. 특히 개암버섯의 바로 옆에서 자라는 경우도 있으므로 정말 조심하여야 한다.

발생 시기 봄~가을 **발생 장소** 활엽수나 대나무의 그루터기 **발생 형태** 다발 군생 **갓의 지름** 2~5cm **갓의 모양** 반구형~볼록편평형 **갓의 표면** 황색~녹황색 **갓의 점성** 있음(습할 때) **대의 높이** 2~10cm **대의 모양** 원통형 **대의 표면** 황색 **식용 여부** 식용불가

가는대눈물버섯

균심균류 | 주름버섯목 | 먹물버섯과

★독성분 불명

장마가 지나간 가을 무렵, 낙엽이 지거나 썩어서 떨어진 가지 주변에서 피어난다. 1~3㎝의 아주 작은 버섯으로 어릴 때는 반구형이었다가 자라면서 원추형 또는 종모양으로 변한다. 식독불명이고 독이 없더라도 소형의 버섯으로서 식용가치가 없다.

발생 시기 가을 **발생 장소** 숲 속의 낙엽 사이 **발생 형태** 군생 **갓의 지름** 1.5~2.5cmcm **갓의 모양** 반구형~ 원추형 또는 종형 **갓의 표면** 회갈색 **갓의 점성** 없음 **대의 높이** 7~10cm **대의 모양** 원통형 **대의 표면** 백색~갈색 **식용 여부** 식독불명

냄새무당버섯

균심균류 | 주름버섯목 | 독청버섯과

★독성분 무스카린

표면은 선홍색이나 오래되면 퇴색하여 분홍색을 띠고 습하면 약간 점성이 생긴다. 약간의 과일 향기가 있고 신맛이 강한 독버섯이다. 생식하면 구토, 복통, 설사 등을 일으키는데 익히면 독성이 약해지며, 최악의 경우 쇼크를 일으켜 사망하지만 보통 몇 시간 또는 며칠이면 회복한다.

발생 시기 봄~가을 **발생 장소** 활엽수나 대나무의 그루터기 **발생 형태** 다발 군생 **갓의 지름** 2~5cm **갓의 모양** 반구형~볼록편평형 **갓의 표면** 황색~녹황색 **갓의 점성** 있음(습할 때) **대의 높이** 2~10cm **대의 모양** 원통형 **대의 표면** 황색 **식용 여부** 식용불가, 준독성

붉은사슴뿔버섯

균심균류 | 주름버섯목 | 육좌균과

★독성분 트리코테센

매우 딱딱한 적색 사슴뿔 모양의 자실체가 다른 종과 쉽게 구별된다. 섭취 후 30분도 안 돼 증상이 나타나기 시작한다. 설사, 발열, 의식장애 등의 심한 중독을 일으키며, 버섯즙이 손에 묻기 만해도 피부에 염증을 일으키기 때문에 만지는 것조차 위험하다.

발생 시기 여름~가을 **발생 장소** 산림내 썩은 나무 그루터기나 땅위 **발생 형태** 군생 **자실체의 지름** 1~9cm **자실체의 모양** 사슴뿔형 또는 석순형 **자실체의 표면** 적등색 **자실체의 점성** 있음 **식용 여부** 식용불가, 맹독성

노랑무당버섯

균심균류 | 주름버섯목 | 무당버섯과

★독성분 불명

아름다운 선황색에 속아서는 안 된다. 여름부터 가을까지 혼합림 내 땅 위에 홀로 발생한다. 어릴 때는 둥근산형이었다가 차차 평평해 진 후 나중에는 중앙이 오목해진다. 조직은 흰색이며 습한 날씨에도 점성은 생기지 않는다. 불쾌하고 비릿한 냄새가 나니 가급적 먹지 않는것이 좋다.

발생 시기 여름~가을 **발생 장소** 숲속의 땅 위 **발생 형태** 단생 또는 군생 **갓의 지름** 7~9cm **갓의 모양** 반구형~오목편평형 **갓의 표면** 선황색 **갓의 점성** 없음 **대의 높이** 7~10cm **대의 모양** 원통형 **대의 표면** 녹황색 **식용 여부** 식용불명, 약독성

점박이어리알버섯

균심균류 | 주름버섯목 | 어리알버섯과

★독성분 불명

혼합림이나 정원, 산길의 지상에 무리지어 발생한다. 자실체는 서양배 모양이며 대 모양을 형성하나 경계는 불분명하다. 표면은 약간 질기고 얇은 단층의 외표피막으로 싸여 있으며, 성숙하면 미세한 인편으로 갈라진다. 식후 30분에서 몇 시간 만에 구토, 설사, 복통을 일으킨다.

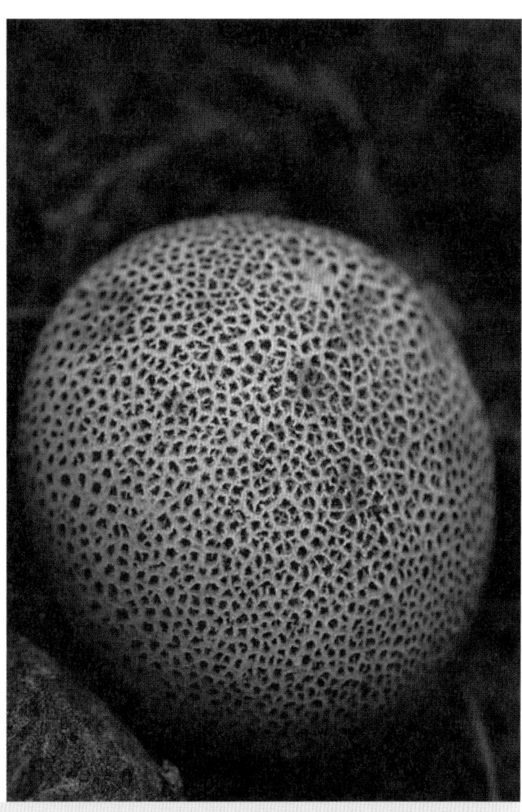

발생 시기 여름~가을 **발생 장소** 활엽수림, 특히 밤나무 숲의 땅 **발생 형태** 군생 **자실체의 지름** 2~4cm **자실체의 모양** 유구형 **자실체의 표면** 담갈색~황갈색 **자실체의 점성** 있음 **대의 높이** 0.8~1.8cm(땅속) **식용 여부** 식용불가, 준독성

흰무당버섯아재비

균심균류 | 주름버섯목 | 무당버섯과

★독성분 불명 ☆ 유사 버섯 푸른주름무당버섯

여름과 가을에 혼합림에서 발생한다. 표면은 습할 때에도 건조하며 둥근 산형이었다가 중앙부가 오목해지면서 점차 깔때기형으로 된다. 체질에 따라 복통, 구토, 설사 등 위장계 중독을 일으킨다.식용버섯인 푸른주름무당버섯과 형태가 매우 유사하므로 가급적 건드리지 않는것이 좋다.

발생 시기 여름~가을 **발생 장소** 혼합림 **발생 형태** 단생 또는 군생 **갓의 지름** 7~9cm **갓의 모양** 반구형~깔때기형 **갓의 표면** 백색~황갈색 **갓의 점성** 없음 **대의 높이** 3~6cm **대의 모양** 원통형 **대의 표면** 백색 **식용 여부** 식용불명, 약독성

붉은싸리버섯

균심균류 | 주름버섯목 | 싸리버섯과

★독성분 불명

늦은 여름부터 가을 동안 활엽수림 내의 지상에 발생한다. 전국에서 흔히 볼 수 있는 종이다. 붉은싸리버섯의 전형적인 특징은 신맛이 나고, 마르면 조직이 분필처럼 부서진다. 소화에 악영향을 미치는 성분이 포함되어 있어서 잘못 먹으면 메스꺼움, 구토. 복통, 설사 등의 증상이 나타난다.

발생 시기 늦여름~가을 **발생 장소** 활엽수림의 땅 **발생 형태** 군생 **자실체의 지름** 10~20cm **자실체의 모양** 산호형 **자실체의 표면** 담적색~담등색 **자실체의 점성** 없음 **자실체의 높이** 5~20cm **식용 여부** 식용불가, 약독성

하얀땀버섯

균심균류 | 그물버섯목 | 끈적버섯과

★독성분 무스카린

여름부터 가을에 침엽수림 또는 혼합림 내 지상 또는 산길가에 발생한다. 소화기관, 기관지, 방광, 자궁 등의 평활근을 수축시키고, 여러가지 분비선의 분비를 촉진시키며, 심박수의 감소, 심근 수축력의 억제, 말초혈관 확장, 혈압강하 작용을 하는 무스카린을 함유하고 있다.

발생 시기 여름~가을 **발생 장소** 침엽수림 내의 땅 위 **발생 형태** 산생 **갓의 지름** 2~4cm **갓의 모양** 원추형~돌출편평형 **갓의 표면** 백색~담갈색 **갓의 점성** 있음(습할 때) **대의 높이** 2.5~5cm **대의 모양** 원통형 **대의 표면** 백색~담황백색 **식용 여부** 식용불가, 준독성

황금싸리버섯

균심균류 | 주름버섯목 | 싸리버섯과

★독성분 불명

늦은 여름부터 가을까지 활엽수림 내의 지상에 무리지어 발생한다. 전국에서 흔히 볼 수 있는 종이다. 꽃양배추모양이며 분지는 짧고 마르면 조직이 분필처럼 부서진다. 붉은싸리버섯과 마찬가지로 위와 장에 영향을 주어 오식하면 구토. 복통, 설사 등의 증상이 나타난다.

발생 시기 가을 **발생 장소** 숲 속의 땅 **발생 형태** 군생 **자실체의 지름** 4~12cm **자실체의 모양** 나뭇가지형~꽃양배추형 **자실체의 표면** 난황색~황백색 **자실체의 점성** 없음 **자실체의 높이** 5~12cm **식용 여부** 식용불가, 약독성

넓은솔버섯

균심균류 | 주름버섯목 | 주름버섯과

★독성분 불명

초여름부터 가을에 활엽수의 그루터기 또는 그 주위에 군생 또는 단생한다. 독 성분은 알려지지 않았지만 가열해도 소멸되지 않는다고 한다. 농업과학 기술원에서는 식용버섯으로 분류하고 있지만 종종 복통과 설사 등 중독사고가 보고되므로 가급적 먹지 않는 것이 좋다.

발생 시기 여름~가을 **발생 장소** 활엽수 고목이나 그 부근 **발생 형태** 단생, 군생 **갓의 지름** 5~10cm **갓의 모양** 반구형~오목편평형 **갓의 표면** 회색,회갈색 **갓의 점성** 없음 **대의 높이** 7~12cm **대의 모양** 원통형 **대의 표면** 백색, 회백색 **식용 여부** 식용불가, 약독성

노랑싸리버섯

균심균류 | 주름버섯목 | 싸리버섯과

★독성분 불명

늦여름부터 활엽수림 또는 침엽수림 내 지상에 무리지어 발생한다. 싸리버섯류 중에는 노랑싸리버섯과 유사한 황색을 띠는 싸리버섯류가 많이 있어 혼동하기 쉽다. 위장과 간에 작용하는 독소를 가진 준독성 버섯으로, 종종 설사를 하나 시간이 지나면 자연 치유된다.

발생 시기 가을 **발생 장소** 숲 속의 땅 **발생 형태** 군생 **자실체의 지름** 7~15cm **자실체의 모양** 산호형 **자실체의 표면** 담황색~황백색 **자실체의 점성** 없음 **자실체의 높이** 10~20cm **식용 여부** 식용불가, 약독성

애기무당버섯

균심균류 | 주름버섯목 | 무당버섯과

★독성분 루스페린, 루스페놀

여름부터 가을까지 활엽수림 내 지상에 발생한다. 갓 표면은 회갈색~흑갈색을 띠고 미세한 털이 밀포되어 있다. 주름살에 상처를 내면 붉은색으로 변했다가 서서히 회색을 띤다. 중독사한 사례가 여러 차례 있는, 매우 치명적이고 위험한 버섯이다.

발생 시기 여름~가을 **발생 장소** 숲속의 땅 **발생 형태** 단생, 군생 **갓의 지름** 6~10cm **갓의 모양** 오목평반구형~깔때기형 **갓의 표면** 백색~회갈색~흑갈색 **갓의 점성** 있음(습할 때) **대의 높이** 3~5cm **대의 모양** 원통형 **대의 표면** 백색~회백색 **식용 여부** 식용불가, 맹독성

흙무당버섯

균심균류 | 주름버섯목 | 무당버섯과

★독성분 불명

여름부터 가을 동안 혼합림 내 지상에 발생한다. 어릴 때는 반구형이고 끝은 안쪽으로 굽어 있으며, 갓 표면은 황토갈색을 띠는데 성장하면서 황토갈색의 표피층이 코스모스 꽃잎모양으로 갈라진다. 조직은 부드럽고 잘 부서지며 약간 매운 맛이 있다. 독버섯으로 위장장애를 일으킨다.

발생 시기 여름~가을 **발생 장소** 활엽수림의 땅 위 **발생 형태** 군생 **갓의 지름** 5~10cm **갓의 모양** 반구형~편평형 **갓의 표면** 황갈색 **갓의 점성** 없음 **대의 높이** 5~10cm **대의 모양** 원통형 **대의 표면** 담황갈색 **식용 여부** 식용불가, 약독성

붉은꼭지버섯

균심균류 | 주름버섯목 | 외대버섯과

★독성분 불명

여름부터 가을까지 혼합림 내 지상에 발생한다. 전체가 황적색을 띠고 갓의 중앙 부위에 연필심 모양의 돌기가 있다. 특히 한국 등 극동아시아에서 흔하게 발생하는 종이다. 자실체가 성숙한 후에 퇴색되면 노란꼭지버섯과 혼동할 수가 있다. 향기는 온화하지만 독을 품은 독버섯이다.

발생 시기 여름~가을 **발생 장소** 숲 속의 땅 **발생 형태** 군생 **갓의 지름** 1-5cm **갓의 모양** 원추형 또는 종형 **갓의 표면** 주황색 또는 진한 살색 **갓의 점성** 없음 **대의 높이** 5~11cm **대의 모양** 원통형 **대의 표면** 백색, 회백색 **식용 여부** 식용불가, 준독성

노란꼭지버섯

균심균류 | 주름버섯목 | 외대버섯과

★독성분 불명

붉은꼭지버섯과 같은 시기, 같은 장소에서 발생한다. 노란꼭지버섯은 전체가 황색을 띠고, 갓의 중앙 부위에 연필심 모양의 뾰족한 돌기가 있으나 드물게는 떨어져 없는 것도 있다. 섭식 후 몇 시간 안에 구토, 복통, 설사 등 전형적인 위장계 중독증상이 나타나며 심한 경우 탈수상태에 빠져 버린다.

발생 시기 여름~가을 **발생 장소** 숲 속의 땅 **발생 형태** 군생 **갓의 지름** 1-5cm **갓의 모양** 원추형 또는 종형 **갓의 표면** 주황색 또는 진한 살색 **갓의 점성** 없음 **대의 높이** 5~11cm **대의 모양** 원통형 **대의 표면** 백색, 회백색 **식용 여부** 식용불가, 준독성

흰꼭지버섯

균심균류 | 주름버섯목 | 외대버섯과

★독성분 불명

여름부터 가을까지 혼합림 내 지상에 산생, 단생 또는 소수 무리지어서 발생한다. 자실체의 전체가 백색이란 점만 노란꼭지버섯과 다르나, 노란꼭지버섯이 성장하여 퇴색이 되었을 때는 다소 혼동될 수가 있다. 섭식 후 몇 시간 안에 위장계 중독 증상이 나타나는 점도 다른 꼭지버섯들과 같다.

발생 시기 여름~가을 **발생 장소** 숲 속의 땅 **발생 형태** 군생 **갓의 지름** 1-5cm **갓의 모양** 원추형 또는 종형 **갓의 표면** 주황색 또는 진한 살색 **갓의 점성** 없음 **대의 높이** 5~11cm **대의 모양** 원통형 **대의 표면** 백색, 회백색 **식용 여부** 식용불가, 준독성

흰독큰갓버섯

균심균류 | 주름버섯목 | 주름버섯과

★독성분 블명

흰독큰갓버섯은 특히 식용버섯으로 유명한 큰갓버섯과 유사하나, 갓의 중앙 부위에 담황갈색의 대형의 막질 인피가 없고, 조직은 상처시에 변하지 않으며, 갓의 조직과 대의 조직 사이에 분명한 경계가 없다는 점에서 쉽게 구별된다. 잘못 먹으면 심한 구토에 시달리게 된다.

발생 시기 여름~가을 **발생 장소** 숲속, 대나무밭, 풀밭 **발생 형태** 단생 **갓의 지름** 8~20cm **갓의 모양** 난형~볼록편평형 **갓의 표면** 백색 **갓의 점성** 없음 **대의 높이** 10~15cm **대의 모양** 원통형 **대의 표면** 백색~갈색 **식용 여부** 식용불가, 약독성

애우산광대버섯

균심균류 | 주름버섯목 | 광대버섯과

★독성분 불명

독버섯이다. 매운 맛은 없지만 위장장애를 일으킨다고 알려져 있다. 애우산광대버섯은 광대버섯 중에서도 자실체가 비교적 작고, 갓과 대기부에 회색의 분질물이 덮여 있어 쉽게 구별할 수 있다. 여름부터 가을에 걸쳐 적송 또는 침엽수와 참나무 류의 혼합림 내 지상에 산생한다.

발생 시기 여름~가을 **발생 장소** 활엽수 고목이나 그 부근 **발생 형태** 산생 **갓의 지름** 2~5cm **갓의 모양** 반구형~편평형 **갓의 표면** 담회갈색 **갓의 점성** 없음 **대의 높이** 7~12cm **대의 모양** 원통형 **대의 표면** 백색 **식용 여부** **식용불가,** 준독성

긴골광대버섯아재비

균심균류 | 주름버섯목 | 광대버섯과

★독성분 불명 ☆유사버섯 우산버섯

구토, 복통, 설사를 일으키는 독버섯이다. 우산버섯과 매우 유사하나 주름살이 분홍색을 띠고, 대의 상부에 턱받이가 있다는 점이 다르다. 또한 모양은 우산버섯과 비슷하며, 턱받이가 있다는 점에서 턱받이광대버섯과도 매우 비슷하나 주름살이 백색이란 점에서 쉽게 구별할 수 있다.

발생 시기 여름~가을 **발생 장소** 침엽수림, 활엽수림, 혼합림내 지상 **발생 형태** 단생 **갓의 지름** 2~6cm **갓의 모양** 난형~종형~편평형 **갓의 표면** 회갈색 **갓의 점성** 있음(습할 때) **대의 높이** 14~9cm **대의 모양** 원통형 **대의 표면** 백색 **식용 여부** 식용불가, 준독성

버섯 찾아보기

ㅍ ㅎ